氣炸鍋料理要加多少油？才能酥脆不乾柴？

溫度要如何控制才能完美氣炸？

에어프라이어 레시피 100

少油‧超美味 氣炸鍋料理

烤全雞、炸薯條、做甜點，氣炸鍋人氣料理100道

Menu R&D Team of Stylish Cooking ——著

陳品芳 —— 譯

製作氣炸鍋料理前
你需要知道的事

1.

依照氣炸鍋的種類，調整溫度與時間

本書所使用的氣炸鍋，是大家公認的氣炸鍋始祖——飛利浦 HD9643/95、HD9227 兩款。由於氣炸鍋的原理是利用空氣對流產生熱量，所以料理的溫度與時間都差不多，但可能會因為容量、熱傳導的效率與空氣旋轉速度的差異，而產生一些誤差，記得使用時需邊觀察食材的狀態，邊調整溫度與料理時間。

2.

依喜好調整油的用量

氣炸鍋料理使用的油比一般油炸料理要少，擁有低熱量（kcal）的優點。但是如果一下子減少太多油量，料理可能會太乾或燒焦。書中建議的油量都是可煮熟食材的適當分量，你也可依照自己的口味調整用油量喔！

本書的使用方法

參考下列說明，依照自己的需求開始製作氣炸鍋料理吧！

1.
認識氣炸鍋

使用頻率不高，對氣炸鍋略顯生疏，或是雖然常用但是不太了解氣炸鍋的人，這裡將介紹更多關於氣炸鍋的資訊。

選擇適合的氣炸鍋

購買氣炸鍋之前，煩惱著該買哪一種機型與容量大小嗎？
建議大家可以依據家庭人數挑選適合的氣炸鍋。

單身貴族
氣炸鍋幾乎是許多單身貴族的必備家電，使用的頻率非常高。建議可以優先考慮容量在 2 到 3 公升，價格大約 2、3 千元的小型氣炸鍋，避免體積太大或是單價太高，造成負擔。

兩口之家
兩口之家大多是沒有小孩的夫妻所組成，通常只會一起共進晚餐，偶爾還可能外食，建議可依據料理的頻率決定氣炸鍋的容量。

三人以上的家庭
推薦 3 到 7 公升的大容量機型。但如果家中的家電產品已經很多了，那就需要再審慎考慮一下。有些大容量的氣炸鍋比電子鍋還大，空間的靈活度比較低。而有些外鍋透明的設計，可以確認食材狀態，或幫忙攪拌食材的氣炸鍋，建議選擇具備這些功能的機型。

> **Tip**
> **選擇氣炸鍋時要考慮哪些？**
> 氣炸鍋的溫度與時間調整，大致可分為手動與電子設定兩種方式。手動可以簡單地用旋鈕來操作，但溫度或時間的設定就沒辦法太精細。而電子數位的款式，可以依據想要的溫度與時間做精準的設定，但價位也會比手傳設定的款式高上許多。
>
> 此外，也有一些打開內鍋溫度跟時間就會歸零的產品，如果在料理過程中想確認食材狀況，建議最好避開此類的機型。

16

2.
活用生活中常見食材

運用日常容易買到的食材，提升本書的實用性，讓美食經濟又實惠。將「氣炸鍋時間表」剪下來吧！可以貼在冰箱，輕鬆控管時間，料理就成功大半了呢！

貼心好幫手 氣炸鍋時間表

類別	食材	溫度(℃)	時間(min)	參考頁數(page)
肉類	雞腿肉 (500 克)	180	15~5	092
	辣味雞翅 (1 公斤)	180	20~20	086
	雞胸、帶骨雞腿 (500 克)	200	10~10	088
	整隻雞 (約 1 公斤)	200	20~25	084
	燻鴨 (500 克)	180	10~8	094
	牛肩肉 (1.5 公分、400 克)	200	7~3	090
	牛腰肉 (4 公分、400 克)	200	9~3	076
	豬肋排 (800 克)	200	10~20	074
	帶皮豬五花 (600 克)	180	20+10+10	078
	豬頭肉 (0.7 公分、400 克)	180	10~5	072
	豬五花 (0.7 公分、450 克)	200	10~8	070
魚類・海鮮類・乾貨類	比目魚 (1~2 尾、300 克)	200	15~5	006
	青花魚 (1/2 尾、150 克)	180	10~5	058
	蝦子 (中蝦・20 隻、400 克)	200	10~3	108
	扇貝 (9 個)	200	15	116
	魚乾 (2 片)	200	2~1	057
蔬菜類・堅果類	地瓜 (中等大小、5 個)	200	50	006
	地瓜條 (切絲、2 盤)	180	10~2	030
	綜合蔬菜 (切好的、400 克)	200	10~10	130
	栗子 (中等大小、20 個)	200	20	023
	杏鮑菇 (4 盤)	180	5~5	029
	馬鈴薯角 (2 盤、400 克)	180	15~5	032
	整顆馬鈴薯 (3 個、600 克)	200	40	031
	杏仁 (150 克)	160	10	025
	核桃、腰果 (150 克)	160	8	025
點心類	傳統年糕 (5 個)	200	10~10	047
	壓縮餅乾 (90 克)	170	5	056
	鍋巴 (200 克)	180	20~10	056
	泡麵麵體 (2 個)	180	5~5	095
加工類・冷凍食品類	維也納香腸 (20 個、160 克)	180	6	042
	四方形魚板 (4 個、210 克)	180	5~3	044
	牛餐肉罐頭 (1 罐)	180	7~7	040
	冷凍馬鈴薯 (波紋切薄、200 克)	200	10~8	065
	冷凍海苔捲 (12 個)	180	15	061
	冷凍餃子 (20 個)	180	15	062
	冷凍大餃子 (10 個)	180	17	063
	冷凍怪獸炸雞 (10 個)	180	5~3	064
微波爐加熱類 參考第 66 到 68 頁	年糕 (冷凍保存)	160	10	068
	牛角麵包	170	5	066
	鯛魚燒	170	5	066
	炸雞 (冷藏)	180	5~5	067
	披薩 (冷藏)	180	5	067

3. 溫度、時間、工具指示

透過溫度、時間、工具的小標示，讓你快速了解
食譜內容。需要翻面、攪拌的食材會用「箭頭」
標示代表時間的改變，讀起來更快速方便！

160℃

10→10min

烤網

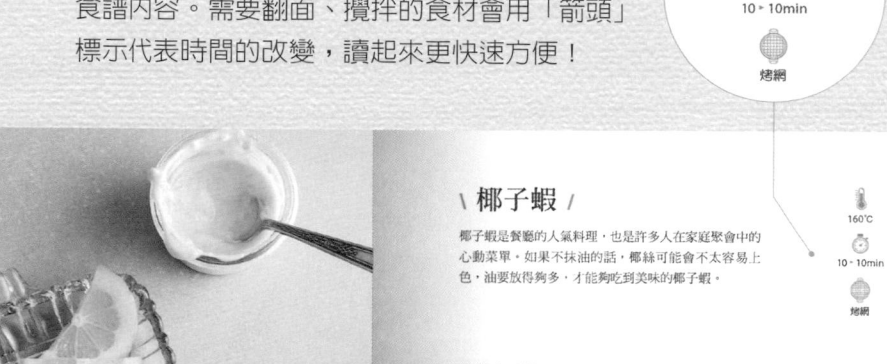

\ 椰子蝦 /

椰子蝦是餐廳的人氣料理，也是許多人在家庭聚會中的
心動菜單。如果不抹油的話，椰絲可能會不太容易上
色，油要放得夠多，才能夠吃到美味的椰子蝦。

160℃

10→10min

烤網

材料（2人份）

- 鮮蝦 20 尾（有尾巴的，
  300 克）
- 酥炸粉 3 大匙
- 椰絲 1 又 1/2 杯（75
  克）
- 沙拉油 4 大匙

醃漬材料
- 料理酒 1 大匙
- 鹽巴 1/3 小匙
- 胡椒粉適量

麵糊
- 酥炸粉 4 大匙
- 水 4 大匙

作法

1. 將鮮蝦裝在碗裡，加入醃漬用的材料拌勻後靜置 10 分
   鐘。
2. 享另一個碗把麵糊調好。
3. 把鮮蝦裹上 3 大匙酥炸粉後，依序裹上步驟 2 的麵糊
   與椰絲。
4. 鋪一張烘焙紙，淋上 2 大匙沙拉油。蝦子放上去，注
   意不要疊在一起，然後再淋上 2 大匙沙拉油。
   Tip 油要夠多，顏色才會好看。
5. 先用 160℃ 烤 10 分鐘，翻面再烤 10 分鐘。
   Tip 可視氣炸鍋的容量分次料理。

110

111

4.

料理難易度

從給初學者的「入門食譜」，到
增加料理技巧的「進階食譜」，
讓你可以依照不同的難易度，選
擇最適合自己的氣炸鍋料理。

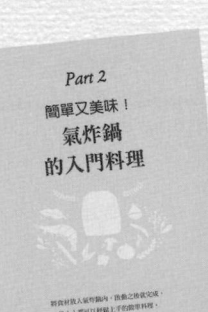

Part 2
簡單又美味！
氣炸鍋
的入門料理

將食材放入氣炸鍋內，很快之後就完成，
易入味即可以輕鬆上手的料理製作。

本書蒐羅眾多便用小技巧，就可以玩出現代適味的料理，
讓料味美的體食品好給家庭的料味食材，
邊煮邊嚐，越吃越美味！

Part 3
餐廳級美味！
氣炸鍋
的進階料理

收集坊間用簡單且多口味的氣炸鍋食材口味入的食物，
照不同有助的美味料理口味！
自由料理方法同口味不必吃的同料理口味，
味道同吃一氣好口吃美同食材同口味好料理味，

• 目錄 •

Part 1
開始享受
氣炸鍋生活

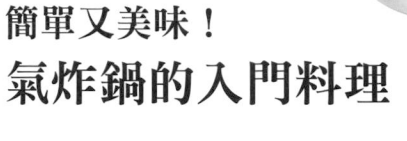

Part 2
簡單又美味！
氣炸鍋的入門料理

Part 3

餐廳級佳餚！
氣炸鍋的進階料理

Part 1
開始享受
氣炸鍋生活

氣炸鍋越來越普遍,但你真的了解它的功能嗎?
操作起來是否順手呢?

讓我們一起了解氣炸鍋的原理、各個機型的差異,
以及選擇氣炸鍋的祕訣和料理時的注意事項,
使自己更能精準做出美味的氣炸鍋料理!

初步認識氣炸鍋

氣炸鍋（Air fryer）已經成為許多人家中的必備品。

讓我們一起來了解這款聰明小型家電的原理和優缺點吧！

氣炸鍋和烤箱有什麼不同？

氣炸鍋的原理和使用熱對流的「對流式烤箱（Convection oven）」一樣，也是一種小型家電。大致可分成外鍋和內鍋兩個部分。

外鍋裝了發熱線和風扇，發熱線會製造熱能，而風扇則能幫助空氣循環，製造出熱風，進而烹飪內鍋中的食材。氣炸鍋可以藉著熱風蒸發食材表面的水分，加快空氣循環，適合用來料理需要酥脆口感的食物。

此外，和體積與容量較大的烤箱不同，氣炸鍋的體積很小，不會佔據廚房太多空間。不但可以調整溫度、時間，且操作簡單，因而逐漸在小型家電市場嶄露頭角。

使用氣炸鍋的注意事項

除了使用起來簡單、方便、料理迅速之外，這裡也列出了氣炸鍋的優點，以及使用時需要注意的地方，幫助你更聰明地使用氣炸鍋。

使用優點

· 不需要深炸（Deep Frying），就可以輕鬆享用油炸料理。

· 油的使用量比傳統油炸料理少，且不需處理過多的剩油，也可以降低攝取的熱量（kcal）。

· 操作方法簡單，使用方便。

· 比烤箱多了空氣循環功能，可縮短料理時間。

· 料理時比較不會產生熱氣和味道。

· 料理時油不會到處亂噴，減少處理上的麻煩。

注意事項

· 可以製作出酥脆口感的料理，但與傳統的油炸食材還是有些許差異。

· 容量越大機器體積就越大，靈活度也就越低。

· 空氣旋轉時會製造噪音。

· 耗電量較大。

· 內鍋清洗、發熱線清理等程序較為繁瑣。

選擇適合的氣炸鍋

購買氣炸鍋之前，煩惱著該買哪一種機型與容量大小嗎？
建議你可以依據家庭人數挑選適合的氣炸鍋。

單身貴族

氣炸鍋幾乎是許多單身貴族的必備家電，使用的頻率非常高。建
議可以優先考慮容量在 2 到 3 公升，價格大約 2、3 千元的小型
氣炸鍋，避免體積太大或是單價太高，造成負擔。

兩口之家

兩口之家大多是由沒有小孩的夫妻所組成，通常只會一起共
進晚餐，偶爾還可能外食，建議可依據料理的頻率決定氣炸
鍋的容量。

三人以上的家庭

推薦 3 到 7 公升的大容量機型。但如果家中的家電產品已經很
多了，那就需要再審慎考慮一下。有些大容量的氣炸鍋比電子
鍋還大，空間的靈活度比較低。另外，如果無法全神貫注做菜
的話，也有一些外鍋透明的設計，可以確認食材狀態，或是可
以攪拌食材的氣炸鍋，建議選擇具備這些功能的機型。

Tip

選擇氣炸鍋時要考慮哪些？

氣炸鍋的溫度與時間調整，大致可分為手動與電子設定兩種方式。手動可以簡單地
用旋鈕來操作，但溫度或時間的設定就沒辦法太精細。而電子數位的款式，可以依
據想要的溫度與時間做精準的設定，但價位也會比手動設定的款式高上許多。

此外，也有一些打開內鍋溫度跟時間就會歸零的產品，如果在料理過程中想確認食
材狀況，建議最好避開這類的機型。

氣炸鍋聰明用

透過徹底活用氣炸鍋這款特色家電的「料理」、「清潔」、
「工具使用」與「計量方法」，來提升氣炸鍋的使用技巧吧！

本書的基本料理技巧

書內的所有食譜，都是依照以下標準進行烹飪。熟悉容易疏忽的細節，一起做出
更美味的氣炸鍋料理吧！

材料盡量不堆疊要攤平放好

如果使用覆滿麵包粉的料理，食材之間要留一些空間，不要貼在一起。因為食材重疊的地方會無法接觸到足夠的熱氣，所以可能會有點濕軟。如果想要酥脆的口感，得注意食材不能堆在一起，要盡量攤平。如果使用小容量的氣炸鍋，建議分一至兩次處理。

油的分量要夠且要灑得均勻

氣炸鍋料理無法像一般油炸料理呈現金黃色。因為用的油較少，所以顏色也會不太均勻。料理時用剩的油，會全部聚集在內鍋下方的油槽裡。如果想要炸得漂亮，建議要加入足量且均勻的油，這樣才能做出美味的料理。

料理過程中要經常確認食材的狀況

氣炸鍋是利用熱空氣將食材煮熟，和用平底鍋料理時不同，不需要經常翻面。但因為發熱線在上方，所以如果希望食材可以熟得均勻，有時候要配合料理的特性稍微翻面。食材可能會因為大小、厚度，而比原本預計的時間更早或是更晚熟，建議料理中途可以打開內鍋確認一下食材的狀況。

 Tip

輔助工具的使用技巧

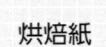

耐熱器皿

用於烤箱的所有耐熱器皿都能夠使用。但是太厚的碗可能會導致最下面的食物無法熟透，建議最好避免使用。

烘焙紙

是氣炸鍋料理的必需品，能讓食材不沾黏在內鍋上。可以把食材放在上面烤，或是用烘焙紙把食材包起來。

噴油瓶

可以少量均勻地將油噴灑在食材上。如果沒有噴油瓶，也可以用家中的料理刷或湯匙，把油均勻地抹在食材上。

氣炸鍋清潔技巧

氣炸鍋外觀只要簡單的擦拭即可，但內部則需要細心的清潔。依照使用說明書上的清潔方法清理即可，但也不要忘記下列的注意事項喔！

清理發熱線

如果有油濺到發熱線上，需等發熱線完全冷卻之後，再用廚房紙巾或乾抹布擦拭乾淨。如果沾附到食物，則先用較柔軟的刷子把食物掃下來，再用抹布擦乾淨。

鐵刷有可能將發熱線上的塗料刮掉，而造成產品損壞，請避免使用。如果發熱線上還殘留水分，可用廚房紙巾吸乾。

清理內鍋

料理完後，內鍋就必須立刻拿出來清洗。內鍋加入溫水與少量的廚房清潔劑浸泡至少 10 分鐘，等油脂浮起來後，再用軟海綿前後左右清洗。最後用乾抹布迅速將水分擦乾。

購買後需先空燒

新的氣炸鍋如果買回來就立刻使用，可能會因為機器殘留的物質而發出臭味。可以透過空燒的方式，將多餘物質和味道燒除。通常只要在 200°C以下啟動約 5 分鐘即可，但每一款機型可能都不太一樣，請依照使用說明書完成空燒的步驟。

美味料理的計量技巧

本書食譜提供的分量，都是以量匙為單位。一般湯匙也可用來計量，請各位參考以下內容使用。

量匙

1 大匙＝ 1TS ＝ 15ml
＝ 1 又 1/2 湯匙

粉類 1 大匙

液體類 1 大匙

粉類 1/2 大匙

液體類 1/2 大匙

1 小匙＝ 1ts ＝ 5ml
＝ 1/2 湯匙

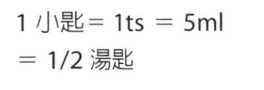

粉類 1 小匙

液體類 1 小匙

1 大湯匙＝ 10 ml

量杯

1 杯（C）＝ 200 ml
＝紙杯 1 杯

Tip

請這樣計量

液體：裝滿。
顆粒 / 粉類 / 醬料：裝滿後弄成平匙。

電子秤

為最簡單的計量方法，推薦最大可秤重 2 公斤的家庭用秤。

Part 2

簡單又美味！
氣炸鍋
的入門料理

將食材放入氣炸鍋內，啟動之後就完成，
是人人都可以輕鬆上手的簡單料理。

本章節教你運用一點小技巧，就可以做出獨特風味的美食；
還有精準掌握加熱冷凍食品最佳的溫度與時間，
讓炸雞、披薩變得超好吃！

80 ▸ 100 ▸ 120℃

10 ▸ 10 ▸ 20min

炸網

\ 烤雞蛋 /

烤雞蛋的口感跟水煮蛋一樣有彈性。剛烤出來的雞蛋因為水分都被蒸發了，
建議最好在冷水裡泡 10 分鐘，會比較好剝殼。

材料 | 雞蛋 8 顆

作法 | 1. 將雞蛋從冰箱取出，在常溫下放至少一個小時。
  2. 先用 80℃烤 10 分鐘 ▸ 再用 100℃烤 10 分鐘 ▸ 最後用 120℃烤 20 分鐘。

200°C

50min

炸網

\ 烤地瓜 /

烤地瓜時所散發出獨特的甜香，讓它成為備受喜愛的食物。
如果喜歡有點烤焦的感覺，可以依照個人喜好調整烘烤時間。

材料 ┃ 地瓜 5 個（中等大小）

作法 ┃ 把地瓜入氣炸鍋中，在 200°C 下烤 40 ～ 50 分鐘。

　　　Tip 用筷子從地瓜最厚的地方戳入，如果可以直接穿透就代表烤熟了。

\ 烤栗子 /

在做烤栗子的時候，栗子要先充分泡水再烤，才不會整顆乾掉。另外，一定要用刀子把栗子劃開，烤的時候才不會爆開。

材料 ┃ 栗子 20 顆

作法 ┃ 1. 先將栗子放入冷水中浸泡 30 分鐘，再用刀子在表面劃十字。
2. 在 200℃的溫度下烤 20 分鐘。

> **Tip** 栗子如果烤太久會變得乾硬或咬不太動，需留意烹調時間。

200℃

20min

炸網

120℃

15 ▸ 15min

炸網

\ 炸蒜片 /

蒜片可以用來當成沙拉、披薩、義大利麵的佐料,非常實用。
製作好後裝在密封容器裡,可以保存更久喔!

材料 ▎ 蒜頭 20 顆(100 克)

作法 ▎ 1. 將蒜頭切成薄片,在冷水中浸泡 30 分鐘,浸泡期間要記得換水以去除苦味。
2. 將蒜片用濾網撈起來,盡量把水瀝乾,再放在炸網上鋪平。
3. 先用 120℃烤 15 分鐘 ▸ 攪拌後再烤 15 分鐘,最後鋪平放涼即可。

\ 烤堅果 /

烤堅果可以讓我們品嘗到果實的美味與香氣。因為堅果的體積不大，很容易烤焦，所以烤時要稍微搖晃一下，讓堅果交錯移動，比較不容易烤焦。

材料 | 生杏仁（核桃或腰果，150 克）

作法 | 將生杏仁放進鍋子裡，以 160℃烤 10 分鐘。

> *Tip* 跟杏仁相比，核桃和腰果比較快熟。建議可以先烤 8 分鐘左右，看看顏色和口感再決定要不要繼續烤。

160℃

10min

炸網

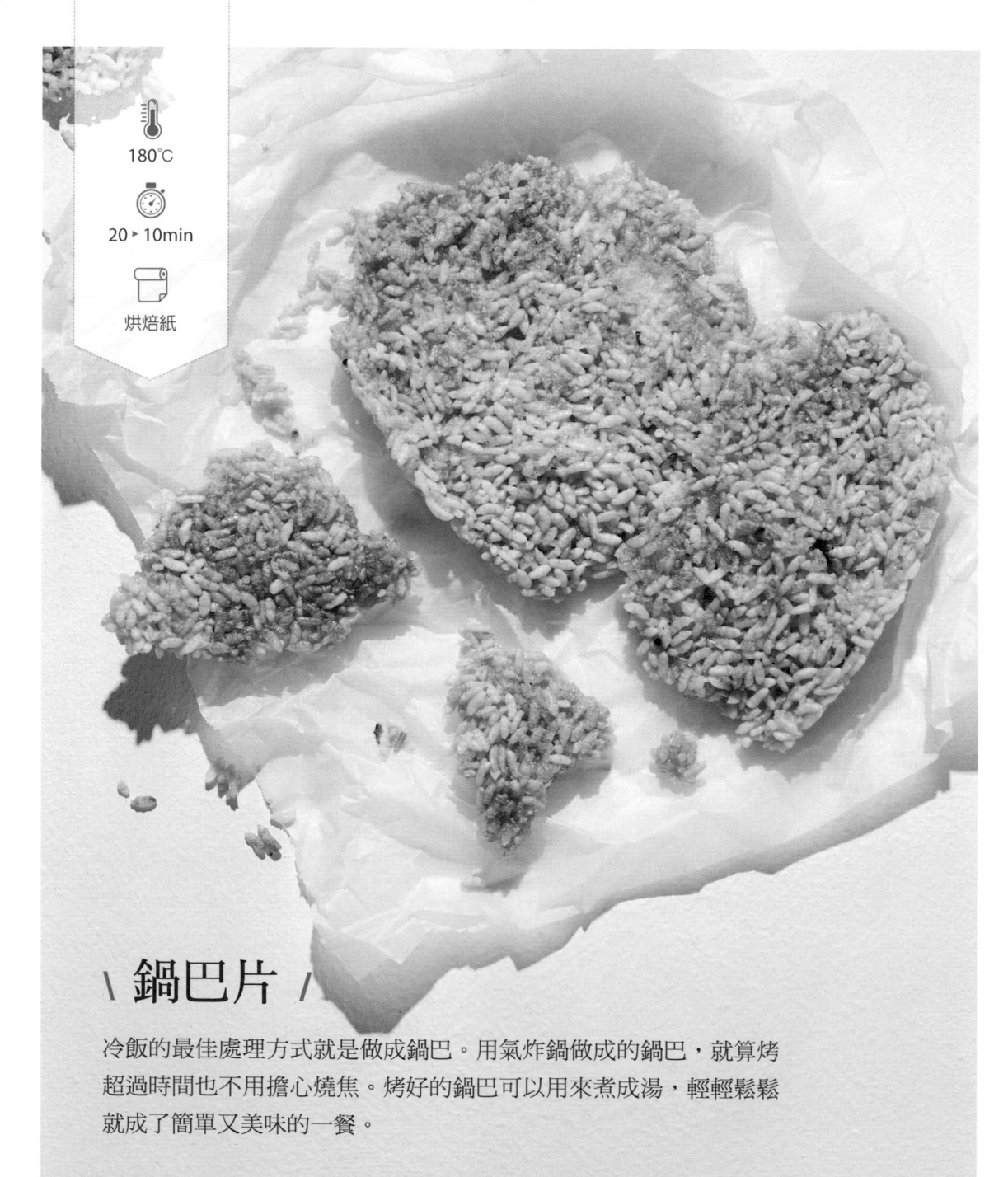

180℃

20 ▸ 10min

烘焙紙

\ 鍋巴片 /

冷飯的最佳處理方式就是做成鍋巴。用氣炸鍋做成的鍋巴，就算烤
超過時間也不用擔心燒焦。烤好的鍋巴可以用來煮成湯，輕輕鬆鬆
就成了簡單又美味的一餐。

材料 ▍ 白飯（200 克）

作法 ▍ 1. 把白飯鋪在烘焙紙上，用湯匙背面把白飯壓平成約 0.5 公分厚。
2. 先以 180℃烤 20 分鐘 ▸ 翻面再烤 10 分鐘。

120℃

50min

炸網

\ 陽光小番茄 /

乾燥的小番茄可以用來做三明治或義大利麵。裝進玻璃瓶裡,再倒入橄欖油、放入香草浸泡,就可以保存很久,風味也會更加濃郁。

材料 ┃ 小番茄 20 顆 / 橄欖油 2 小匙 / 研磨胡椒適量

作法 ┃ 1. 將小番茄對切,把所有食材裝入碗裡輕輕攪拌在一起。
2. 讓切面朝上,並將番茄全部鋪平,以 120℃ 烤 50 分鐘。
3. 冷卻之後裝入密封容器中冷藏保存。

180℃

10 ▸ 10min

炸網

＼ 烤南瓜 ／

這道烤南瓜只要加一點鹽巴，就可以襯托出原本的甜味。
可以依照個人喜好，將南瓜切得更薄，或烤得更焦。如果
南瓜切得比較厚，可以不用特別調整溫度，只要將烘烤的
時間拉長就好。

材料 ｜ 南瓜 1/2 個（400 克）/ 鹽巴適量

作法 ｜ 1. 將南瓜對半切，把籽挖掉之後切成約 1.5 公分厚。

　　　 2. 先用 180℃烤 10 分鐘 ▸ 翻面再烤 10 分鐘。

　　　 3. 裝進盤子裡，撒上一些鹽巴。

180℃

5▸5min

炸網

＼ 烤杏鮑菇 ／

將杏鮑菇整顆拿去烤，就可以品嘗到多汁、
有嚼勁的美味。切成一個個圓形厚片，就能吃到好口感喔！

材料 ▎ 杏鮑菇 4 顆　　**紫蘇油醬** ▎ 紫蘇油 2 大匙 / 鹽巴 1/2 小匙

作法 ▎ 1. 將杏鮑菇放入內鍋，先以 180℃烤 5 分鐘 ▸ 翻面後再烤 5 分鐘。
　　　　 2. 裝盤後搭配混合好的紫蘇油醬享用。

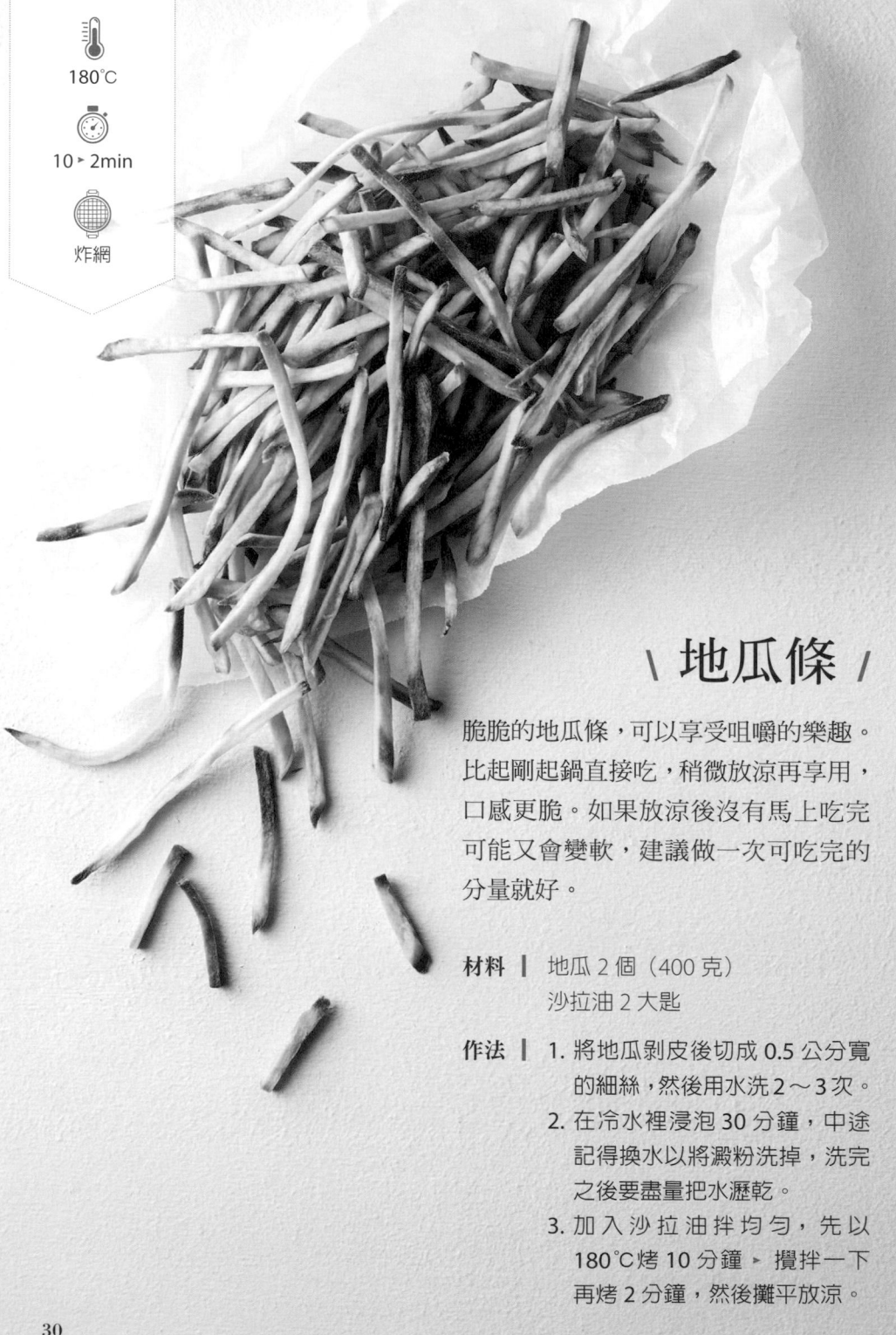

＼ 地瓜條 ／

脆脆的地瓜條，可以享受咀嚼的樂趣。
比起剛起鍋直接吃，稍微放涼再享用，
口感更脆。如果放涼後沒有馬上吃完
可能又會變軟，建議做一次可吃完的
分量就好。

材料 ｜ 地瓜 2 個（400 克）
沙拉油 2 大匙

作法 ｜ 1. 將地瓜剝皮後切成 0.5 公分寬
的細絲，然後用水洗 2 ～ 3 次。

2. 在冷水裡浸泡 30 分鐘，中途
記得換水以將澱粉洗掉，洗完
之後要盡量把水瀝乾。

3. 加入沙拉油拌均勻，先以
180℃烤 10 分鐘 ▸ 攪拌一下
再烤 2 分鐘，然後攤平放涼。

\ 奶油烤馬鈴薯 /

加了奶油和蜂蜜的烤馬鈴薯吃起來甜滋滋。
可以用酸奶油、希臘優格或培根片替代奶
油，作為搭配的沙拉，就是清爽的一餐。

200℃

40min

炸網

材料 ┃ 馬鈴薯 3 顆（600 克）
橄欖油（或沙拉油）3 大匙

佐料 ┃ 奶油 6 大匙（60 克）
蜂蜜 3 大匙（可依個人喜好增減）
鹽巴適量
研磨胡椒適量

作法 ┃ 1. 在馬鈴薯中間用刀深切
一個十字，抹上橄欖油。
2. 用 200℃烤 30 ～ 40
分鐘。
3. 用湯匙撐開馬鈴薯切
的地方，將混合好的
佐料放入。

Tip 用筷子戳一下，可
以完全戳進去就表
示烤熟了。

180℃

15 ▸ 5min

烘焙紙

\ 馬鈴薯脆 /

微辣的滋味讓人忍不住一口接一口。一般的馬鈴薯脆使用紅甜椒粉、卡宴辣椒粉，也可以用一般的辣椒粉代替。

材料 ▍ 馬鈴薯 2 顆（400 克）/ 帕馬森起司粉 2 大匙（可依個人喜好增減）

沾醬 ▍ 沙拉油 2 大匙 / 鹽巴 1 小匙 / 砂糖 1 小匙 / 細辣椒粉（或紅甜椒粉）2 小匙 / 研磨胡椒適量

作法 ▍ 1. 將馬鈴薯切成條狀三角形。
2. 將沾醬類的所有材料和馬鈴薯倒入碗中攪拌均勻。
3. 先用 180℃烤 15 分鐘 ▸ 翻面後再烤 5 分鐘。
4. 裝盤後灑上帕馬森起司粉。

200℃

10 ▸ 12min

炸網

\ 炸薯條 /

這道手工炸薯條只要一吃
就停不下來。韓國產的馬
鈴薯因為水分含量高,所
以很難炸得酥脆,但只要
加一點酥炸粉,就可以替
薯條增添酥脆口感囉!

材料 ┃ 馬鈴薯 2 顆(已削皮,400 克)/ 沙拉油 2 大匙 / 酥炸粉 3 大匙 /
鹽巴適量 / 研磨胡椒適量

作法 ┃ 1. 將馬鈴薯削皮後切成 1 公分厚的條狀,再用水洗 2 ～ 3 次。

2. 在冷水中浸泡 30 分鐘,期間記得換水把多餘澱粉洗掉,洗完後
盡量把水瀝乾。

3. 用塑膠袋裝馬鈴薯條,倒入沙拉油後拌一拌,再加入酥炸粉稍
微搖晃一下。

4. 先用 200℃烤 10 分鐘 ▸ 稍微拌一下,再烤 10 ～ 12 分鐘。

5. 趁熱的時候撒上鹽和研磨胡椒。

\ 櫛瓜條 /

加了起司粉後，櫛瓜條更香更好吃。一般櫛瓜水分較多，使用西洋櫛瓜炸出來會更酥脆，可以吃到不一樣的口感。

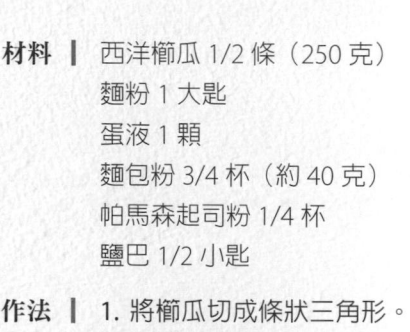

材料 | 西洋櫛瓜 1/2 條（250 克）
麵粉 1 大匙
蛋液 1 顆
麵包粉 3/4 杯（約 40 克）
帕馬森起司粉 1/4 杯
鹽巴 1/2 小匙

作法 | 1. 將櫛瓜切成條狀三角形。將麵包粉和帕馬森起司粉攪拌均勻。
2. 將櫛瓜、麵粉、鹽巴裝入塑膠袋中輕輕搖晃。
3. 在櫛瓜上依序沾上蛋汁 ▸ 麵包粉，為櫛瓜裹上麵衣。
4. 先用 180℃ 炸 10 分鐘 ▸ 翻面後再炸 5～6 分鐘。

\ 洋蔥圈 /

加了咖哩粉後，連討厭蔬菜的孩子也變得愛吃。如果食材本身油脂含量不高的話，可以在麵包粉裡加點油，這樣口感會更酥脆。

180℃

10min

炸網

材料 | 切成 1 公分厚的洋蔥 1 顆（200 克）/ 麵粉 2 大匙 / 咖哩粉 1 大匙 / 蛋汁 1 顆 / 麵包粉 1 又 1/2 杯（75 克）/ 乾香草粉 1 小匙（可依個人喜好省略）/ 沙拉油 1 大匙

作法 | 1. 將麵包粉、乾香草粉和沙拉油拌在一起。
2. 把切成圈狀的洋蔥裝進塑膠袋裡，倒入麵粉和咖哩粉後搖晃混合。
3. 將鋪好粉的圈狀洋蔥均勻沾上蛋液。
4. 先為洋蔥裹上步驟 1 的麵衣 ▸ 再以 180℃炸 10 分鐘。

\ 炸蘑菇 /

這一道炸蘑菇，帶你認識蘑菇的全新魅力。趁熱加點鹽巴直接吃，就可以品嘗到獨特的蘑菇風味。

材料 ┃ 蘑菇 8 顆（160 克）
麵粉 1 大匙
蛋汁 1 顆
麵包粉 1 杯（50 克）
沙拉油 2 大匙
鹽巴適量（可依個人喜好增減）

作法 ┃
1. 先將蘑菇對半切，再將蘑菇、麵粉裝入塑膠袋中，搖晃使其均勻混合。
2. 以先沾蛋汁 ▸ 再鋪麵包粉的順序為蘑菇裹上麵衣，然後淋上沙拉油。
3. 先以 180℃炸 10 分鐘 ▸ 翻面再炸 5 分鐘，最後撒上鹽巴。

200℃

10 ▸ 10min

烘焙紙

\ 上癮玉米 /

沾附著起司與香草的玉米，保證會讓
人越吃越上癮。藉著氣炸鍋的熱氣，
可以把玉米烤得均勻、不焦又有嚼勁。

材料 煮熟的玉米 2 根 / 帕馬森起司粉 4 大匙（可依個人
喜好增減）/ 乾香草粉適量 / 辣椒粉適量（可依個
人喜好省略）

醬料 砂糖 1 又 1/2 大匙 / 融化的奶油 1 大匙 / 美乃滋 1
大匙

作法 1. 把醬料類的所有材料混合均勻。

2. 將步驟 1 的醬料平均塗抹在玉米表面。

3. 先用 200℃烤 10 分鐘 ▸ 翻面再烤 10 分鐘。

4. 裝盤後撒上帕馬森起司粉、乾香草粉、辣椒粉。

37

190℃

5min

炸網

\ 炸玉米粒 /

一粒一粒咀嚼，可以感受到顆顆玉米在口中跳躍的樂趣。剛炸好時就要立刻享用，才能吃到炸玉米粒的真實美味。

材料 ┃ 罐頭玉米粒 1 杯（150 克）
沙拉油 1 大匙
太白粉 5 大匙
鹽巴適量（可依個人喜好增減）

作法 ┃ 1. 用廚房紙巾把玉米粒的水分盡量吸乾。

> **Tip** 在料理前一天可以先用濾網把玉米原本的水分濾掉，再放冰箱冷藏讓水分充分揮發。

2. 將步驟 1 的玉米粒和沙拉油倒入塑膠袋中，拌勻之後倒入太白粉搖晃混合。

3. 以 190℃炸 5 分鐘，趁熱撒鹽巴享用。

\ 炸豬排 /

在超市就能輕鬆買到的炸豬排，只要用氣炸鍋就
能快速變成令人著迷的美味。不用擔心熱量，更
不用擔心油把廚房噴得油膩膩，製作起來超方便！

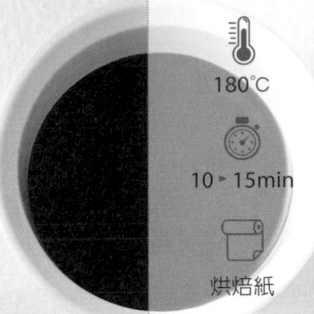

180℃

10 ▸ 15min

烘焙紙

材料｜炸豬排肉 1 塊
　　　沙拉油 2 大匙

作法｜1. 鋪上烘焙紙並淋上 1 大匙的沙拉油。
　　　2. 放上生豬排，在表面淋上 1 大匙沙拉油。
　　　3. 先以 180℃烤 10 分鐘 ▸ 翻面再烤 10 ～
　　　　 15 分鐘。

39

180℃

7 ▸ 7min

炸網

＼烤午餐肉／

打開罐頭，直接把午餐肉整塊拿出來烘烤就能完成！因為午餐肉本身含有油脂，不需要其他油類，就可以烤出酥脆多汁的午餐肉囉！

材料 ｜ 午餐肉 1 塊（200 克）
芥末醬適量
番茄醬適量

作法 ｜ 1. 將午餐肉放進氣炸鍋，先以 180℃烤
7 分鐘 ▸ 翻面再烤 7 分鐘。
2. 切成適當的大小，搭配芥末醬、番茄醬一起享用。

\ 午餐肉條 /

午餐肉條是最近越來越知名的下酒菜之一。它獨特的鹹味，加上麵包粉的香味，跟啤酒真是絕配。午餐肉罐頭還可以洗乾淨拿來當盛裝的容器喔！

180℃

8 ▸ 2min

炸網

材料 午餐肉 1 塊（200 克）
麵粉 2 大匙
蛋汁 1 顆
麵包粉 1 杯（50 克）
乾香草粉 1 大匙（可依
個人喜好省略）

作法 1. 將午餐肉切成 1 公分粗的條狀。
2. 把麵包粉與乾香草粉混合均勻。
3. 依照先鋪麵粉 ▸ 再沾蛋汁 ▸ 最後裹上步驟 2 粉類材料的順序為午餐肉裹上麵衣。
4. 先以 180℃ 烤 8 分鐘 ▸ 翻面再烤 2 分鐘。

\ 烤維也納香腸 /

簡單的配料，超快速下的酒菜！油脂較少的
小香腸，烤完可能會有點硬，建議買大一
點、看起來圓潤飽滿的香腸會更好吃喔！

材料 ｜ 維也納香腸 20 根（160 克）

作法 ｜ 1. 在維也納香腸上劃幾道刀痕。

> **Tip** 注意刀痕不要劃得太深，以免水
> 分流失，吃起來會太乾太老喔！

2. 以 180℃烤 6 分鐘。

\ 迷你熱狗 /

在家也能輕鬆做出市售熱狗的滋味。迷你熱狗適合一口
吃下，也可以起鍋之後馬上享用。除了當點心之外，作
為便當的配菜也很棒喔！

180℃

6 ▶ 4min

炸網

材料 | 維也納香腸 15 根（120 克）/ 麵包粉 1 杯（50 克）/
沙拉油 2 大匙

麵糊 | 鬆餅粉 1/2 杯（50 克）/ 雞蛋 1 顆 / 牛奶 1 大匙

作法 | 1. 將麵糊的材料倒入容器中，
用攪拌器混合均勻。

2. 用竹籤把維也納香腸串
起來，依照先沾步驟 1
的麵糊 ▶ 再鋪麵包粉
的順序裹上麵衣。

3. 淋上沙拉油，先
以 180℃烤 6 分
鐘 ▶ 翻面再烤 4
分鐘。

╲ 炸魚板 ╱

不需額外用油，以本身含的油脂就能做成炸魚板。酥脆的
口感搭配芥末醬油（可參考 171 頁做法），美味絕對不輸
頂級料理。烤的時間要是太長可能會太老，要多注意喔！

材料 ▌ 四方形魚板 4 片（210 克）或棒狀魚板 6 條（235 克）

作法 ▌ 1. 將每片魚板切成 4 分長條。
2. 將魚板攤平，不要重疊，
先以 180℃烤 5 分鐘 ▶
翻面再烤 2 ～ 3 分鐘。

Tip 如果是棒狀魚板，可
以不切，直接拿去烤。

\ 乳酪條 /

乳酪條的麵衣如果太薄，裡面的起司可能會流出來，是道需要多注意的料理。裹上兩層麵衣就能放心了！也可以拿莫札瑞拉起司塊來做喔！

180℃

10 ▸ 5min

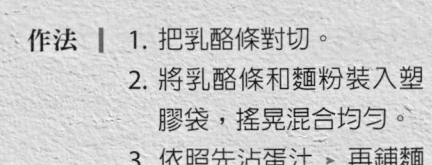

炸網

材料 ┃ 乳酪條 5 條
麵粉 2 大匙
蛋汁 1 顆
麵包粉 1 又
1/2 杯（75 克）
沙拉油 2 大匙

作法 ┃ 1. 把乳酪條對切。
2. 將乳酪條和麵粉裝入塑膠袋，搖晃混合均勻。
3. 依照先沾蛋汁 ▸ 再鋪麵包粉的順序將步驟 2 的乳酪條裹上麵衣，然後再依照沾蛋汁 ▸ 鋪麵包粉的順序裹第二次。
4. 先淋上沙拉油 ▸ 再以 180℃ 烤 10 分鐘 ▸ 最後翻面烤 5 分鐘。

180℃

7 ▸ 5 ▸ 2min

烘焙紙

\ 培根年糕 /

比起牛肉,年糕跟培根搭配起來更對味。如果做完之後醬料還有多的話,也可以當成一般的沾醬使用喔!

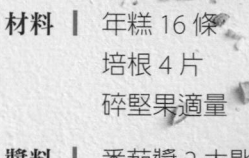

材料 | 年糕 16 條
培根 4 片
碎堅果適量

醬料 | 番茄醬 2 大匙
寡糖 2 大匙
蒜泥 1 小匙
辣椒醬 1 小匙
胡椒粉適量

作法 | 1. 將每片培根切成兩等分,另外拿個小碗把醬料類材料混和均勻。
2. 用一片培根把 1 條年糕捲起來,重複動作,成為 8 條培根年糕捲。
3. 將剩下 8 條年糕與步驟 2 的培根年糕捲串在一起,成為 4 串培根年糕串。
4. 先用 180℃ 烤 7 分鐘 ▸ 翻面後烤 5 分鐘 ▸ 接著正反兩面都塗上醬料,再烤 2 分鐘,最後撒上碎堅果。

46

\ 烤年糕 /

咬下去的那一刻，年糕酥脆的外皮瞬間裂開，同時還能夠嘗到濕潤軟嫩的口感。有嚼勁的傳統年糕搭配甜甜的蜂蜜、堅果與花生粉，就是一道風味獨特的美食。

材料 │　傳統年糕 5 個（先放在常溫下解凍）
　　　　　蜂蜜 2 大匙（可依個人喜好增減）
　　　　　碎堅果適量（可依個人喜好省略）

作法 │　1. 將年糕放進內鍋，先用 200℃烤 10
　　　　　　 分鐘 ▸ 翻面再烤 10 分鐘。

　　　　　 Tip 注意年糕之間不要碰在一起，
　　　　　　　　 要留一點縫隙喔！

　　　　　2. 淋上蜂蜜與碎堅果配著吃。

200℃

10 ▸ 10min

炸網

17

180℃

10min

烘焙紙

\ 美乃滋雞蛋吐司 /

有著濃郁香味的美乃滋雞蛋吐司令人著迷。在吐司的邊緣抹上厚厚的美乃滋，打蛋時蛋液才不會流到吐司外面。如果烤超過 5 分鐘，就可以吃到全熟的雞蛋囉！

材料 吐司 2 片 /
雞蛋 2 顆 /
美乃滋適量 /
砂糖 2 大匙

作法 1. 在吐司的邊緣抹上厚厚的美乃滋。
2. 把蛋打在中間，撒上砂糖。
3. 用 180℃ 烤 8 ～ 10 分鐘。

Tip 可以視氣炸鍋的容量，分次烤完。

\ 雞蛋麵包 /

吃下去很有飽足感的雞蛋麵包，麵糊要放到模具的 1/2 滿，才不會流出來。烤 10 分鐘蛋黃會呈現半熟，烤 15 分鐘則可享用到全熟的蛋黃。

160℃

10min

耐熱碗

材料 ┃ 雞蛋 5 顆 / 鹽巴適量 / 研磨胡椒適量

麵糊 ┃ 煎餅粉 2 杯（200 克）/ 牛奶 1/2 杯（100 克）/ 雞蛋 1 顆

作法 ┃ 1. 把麵糊的材料倒入碗中，用打蛋器打勻。
2. 用橡膠模具或 5 個紙杯分裝麵糊。
3. 在每個麵糊容器裡打入 1 顆蛋，用筷子把蛋黃戳破。
4. 加入鹽巴、研磨胡椒之後，用 160℃烤 10 分鐘。

180℃

8 ▸ 2min

烘焙紙

\ 蜂蜜烤糖餅 /

不用加油直接烤成的糖餅，看起來跟普通餐包一樣，但切開就會發現，軟嫩的外皮包裹著滿滿的糖餡。

材料 ▎市售糖餅材料包 1 包 / 沙拉油適量

作法 ▎
1. 用市售的糖餅材料包，做成 6 個糖餅麵糰。
2. 將 2 個糖餅麵糰放在烘焙紙上，用手把麵糰壓平。
3. 先用 180℃烤 8 分鐘 ▸ 翻面後再烤 2 分鐘。

Tip 可視氣炸鍋的容量分多次烤完。

Tip
1. 糖餅是韓國的傳統美食之一。使用氣炸鍋前，要先將市售糖餅材料內的麵糰調好、包好內餡再進行喔！

2. 手和麵糊上都要抹上足量的油，麵糊才不會黏在手上。

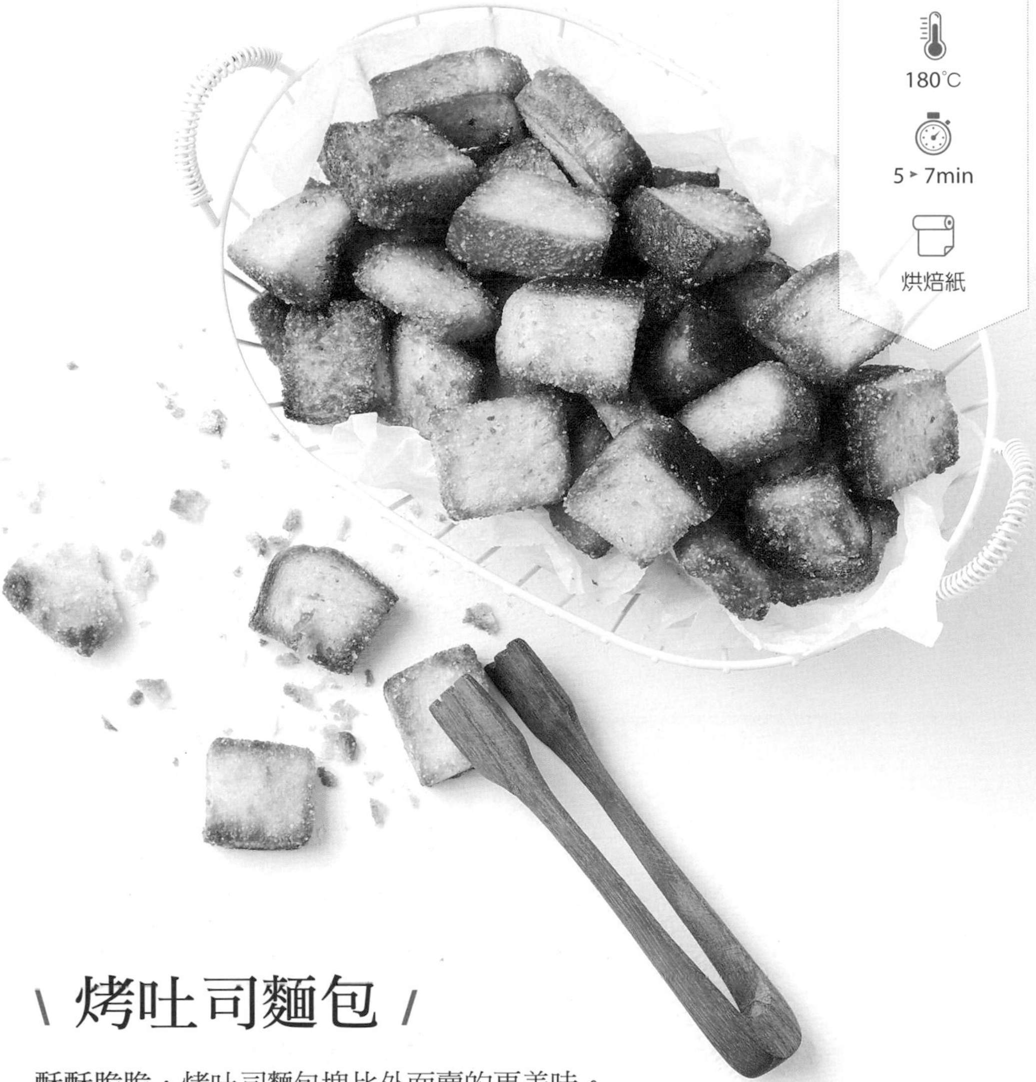

180°C

5 ▸ 7min

烘焙紙

\ 烤吐司麵包 /

酥酥脆脆，烤吐司麵包塊比外面賣的更美味。
把麵包裝進塑膠袋裡，跟沙拉油和砂糖混合時，
比起搖晃混勻，更建議用壓的。緊實的麵包會更好吃，一定要用力壓喔！

材料 ┃ 吐司 3 片 / 砂糖 3 大匙 / 沙拉油 3 大匙

作法 ┃

1. 將吐司切成一口大小（約 16 塊）。
2. 把麵包塊裝入塑膠袋中，倒入沙拉油混合後，再加入砂糖，用力按壓讓糖黏在麵包上。
3. 先用 180°C烤 5 分鐘 ▸ 稍微攪拌一下，再烤 6 ～ 7 分鐘。

180℃

5min

炸網

\ 大蒜法國麵包 /

有著淡淡蒜香的大蒜法國麵包。在步驟 2 時，先放進冷凍庫裡冰幾天，要吃時可以不用解凍，直接用同樣的方式烤來吃就可以了。

材料 | 法國麵包 15 公分

大蒜醬 | 放在室溫下的奶油 5 大匙（50 克）/
乾香草粉 1 大匙 /
砂糖 1/2 大匙 /
蒜泥 1 又 1/2 大匙 /
寡糖（或蜂蜜、煉乳）1 大匙
鹽巴適量

作法 | 1. 將法國麵包切成每片 1.5
公分厚的片狀。
2. 在麵包片的其中一面塗
上混合好的大蒜醬。
3. 全部鋪平在鍋中，不
要重疊，用 180℃
烤 5 分鐘。

 可視氣炸鍋容量
分多次烤完。

\ 芝麻玉米餅 /

芝麻玉米餅是市面上「芝麻餅乾」的自製版。烤的時候拿個
容器裝，重量比較輕的食材，就不會被氣炸鍋的熱風吹走了。

160℃

8min

烘焙紙

材料 | 玉米餅 2 片 /
芝麻 2 大匙

醬料 | 寡糖 1 大匙 /
葡萄籽油 2 小匙 /
鹽巴適量（可依個人喜
好增減）

作法 | 1. 拿個小碗把醬料類的
材料全部混合均勻。
2. 將玉米餅放在烘焙紙
上，在其中一面塗上
醬料，撒上芝麻之後
切成 8 等分。
3. 將步驟 2 的玉米片裝
在一個耐熱的平底容
器中。
4. 放入氣炸鍋，注意
不要疊在一起，以
160℃烤 8 分鐘。

Tip 可視氣炸鍋容量分
次烤完。

\ 水餃皮吉拿棒 /

把水餃皮捲成棒狀油炸，就變成口感絕佳的水餃皮吉拿棒了！完全放涼，等砂糖凝固之後再吃，才能夠品嘗到它最真實的美味。別忘記一定要完全冷卻再吃喔！

材料 水餃皮 6 張 / 沙拉油 2 大匙

醬料 砂糖 4 大匙 / 肉桂粉（或桂皮粉）1 小匙

作法 1. 將水餃皮切成兩等份，在皮左右兩側的邊緣刷上沙拉油。
2. 正反兩面都抹上混合好的醬料之後，把水餃皮捲起來，用同樣的方法做出 11 根水餃皮吉拿棒。
3. 鋪上烘焙紙，放上步驟 2 的水餃皮吉拿棒。
4. 先以 180℃ 烤 5 分鐘 ▸ 翻面後再烤 2 分鐘。烤好後連烘焙紙一起拿出來，等到完全冷卻後再享用。

Tip 砂糖融化時會變成大量的糖水，所以一定要鋪烘焙紙。

\ 烤泡麵 /

可依照個人喜好使用砂糖＋泡麵調味粉，或是砂糖＋帕馬森起司粉等各種不同的搭配。用比較薄一點的「科學麵」，口感會更脆喔！

材料 ┃ 泡麵 2 包／砂糖 3 大匙／帕馬森起司粉適量

作法 ┃ 1. 先把泡麵體拆開成兩片，再剝成方便食用的大小。

2. 在泡麵體上撒泡麵調味粉或帕馬森起司粉後，先用 180℃ 烤 5 分鐘 ▸ 稍微攪拌一下再烤 5 分鐘。

3. 趁熱的時候撒上砂糖，然後再攪拌，會比較好吃喔！

Tip 剛起鍋就裝進塑膠袋可能會使塑膠融化，使用玻璃容器或耐熱容器裝比較好喔！

180℃

5 ▸ 5min

炸網

170℃

5min

烘焙紙

\ 雙拼小餅 /

只要一點點油，就能夠做出酥脆餅乾。可以搭配一些堅果，享受堅果餅乾的香濃，也能搭配帕馬森起司粉，品嘗微鹹的起司餅乾。

材料 | 餅乾（90 克）/ 砂糖 1 大匙 / 沙拉油 1 大匙 / 寡糖 1 大匙 / 碎堅果 3 大匙 / 帕馬森起司粉 3 大匙

作法 |
1. 把餅乾裝入塑膠袋中，加入砂糖、沙拉油、寡糖搖晃均勻。
2. 將步驟 1 的餅乾放入氣炸鍋，以 170℃ 烤 5 分鐘。
3. 趁熱時撒上碎堅果或帕馬森起司粉，製作出兩種風味。

\ 烤魚片 /

用氣炸鍋烤個三分鐘，輕鬆完成甜
甜的烤魚片。烤久一點口感比較
脆，可以依個人喜好調整喔！

材料 | 調味魚片 2 片

作法 | 將調味魚片放入氣炸鍋中，先
以 200℃烤 2 分鐘 ▸ 翻面再
烤 1 分鐘。

200℃

2 ▸ 1min

炸網

180℃

15min

烘焙紙

＼炸明太魚絲／

有些人會配合氣炸鍋的形狀，把明太魚平鋪在內鍋裡，
讓食材接觸到更多的熱能，但其實拿一個平底容器，鋪
一張烘焙紙並放上明太魚，反而烤得比較好吃。

材料 ┃ 明太魚絲 3 杯（或鱈魚絲 60 克）/ 沙拉油 2 大匙 /
砂糖 2 大匙

作法 ┃ 1. 將明太魚絲裝在塑膠袋中，加入沙拉油、砂糖，
用力按壓以讓砂糖沾附在明太魚絲上。

2. 將烘焙紙鋪在平底的耐熱容器上，再把步驟 1 的
明太魚絲放進去。

3. 用 180℃烤 10 ～ 15 分鐘。

Tip 明太魚絲如果太長或
太厚，可以切成 2 ～
3 等分再拿來使用。

\ 烤魷魚乾 /

只要有氣炸鍋，就能輕鬆做出軟嫩的烤魷魚乾了。
烤太久魷魚腳可能會太硬，要多注意喔！

材料 ┃ 魷魚 1 條（處理過的，180 克）

作法 ┃ 1. 用剪刀把魷魚的身體剪開攤平，再以 1 公分
　　　　　　為間隔，把左右兩邊剪開。
　　　　　2. 先用 200℃烤 5 分鐘 ▸ 翻面再烤 5 分鐘。

200℃

5 ▸ 5min

炸網

59

\ 奶油魷魚 /

簡單試做一下在電影院吃到的奶油魷魚吧！如果烤太久，
魷魚可能會太硬，注意要在顏色變太黃之前趕快起鍋喔！

材料 ▎ 魷魚絲 2 杯（60 克）/ 砂糖 1 大匙 / 美乃滋 2 大匙

作法 ▎ 1. 先將魷魚絲用冷水泡 10 分鐘，再用廚房紙巾把
水分吸乾。

2. 把魷魚絲裝在碗裡，加砂糖、美乃滋拌一拌。

3. 將步驟 2 的魷魚絲放入氣炸鍋中，先以 160℃烤
5 分鐘 ▸ 稍微翻攪一下再烤 2 分鐘。

\ 炸海苔捲 /

這就是辣炒年糕永遠的好朋友——炸海苔捲。
趁熱開動超好吃，拌一點辣醬（可參考 46 頁做
法），又是另一種不同的好滋味！

180℃

15min

炸網

材料 ┃ 冷凍海苔捲 12 個

作法 ┃ 將冷凍海苔捲放入氣炸
鍋中，以 180℃炸 15
分鐘。

180℃

15min

炸網

\ 冷凍爆炸餃子 /

皮薄餡多的水餃，放入氣炸鍋中，就成了
外皮酥脆的爆炸餃子。喀嚓！一咬，餡料
立刻在口中蔓延開來，飽滿又豐富。

材料 ┃ 冷凍水餃 20 個 / 沙拉油 2 大匙

作法 ┃ 1. 將冷凍水餃放入氣炸鍋中，均勻淋上沙拉油。
2. 用 180℃炸 14 ～ 15 分鐘，過程中要不時翻攪一下。

\ 炸餃子 /

坊間流傳著加水、多加點油等各種炸餃子的祕訣。雖然創造出屬於自己的食譜是一件很棒的事，但如果對這道料理還不太熟悉，就從最基本的做法開始吧！

180℃

17min

炸網

材料 ┃ 冷凍餃子 10 個

作法 ┃ 將冷凍餃子放入氣炸鍋中，以 180℃炸 15 ～ 17 分鐘。

180℃

5 ▸ 3min

炸網

\ 炸雞塊 /

炸雞塊是常見的便當配菜，食材本身就已經有油了，就算不另外加油，也可以炸得非常好吃。

材料 ▎ 冷凍炸雞塊 10 塊

作法 ▎ 將炸雞塊放入氣炸鍋中，先以 180℃炸 5 分鐘 ▸ 翻面再炸 2 ～ 3 分鐘。

200℃

10 ▸ 8min

炸網

╲ 炸冷凍薯條 ╱

如果連洗馬鈴薯都嫌麻煩的話，那炸薯條就是你
最好的選擇。比外面賣的更美味，又能享受馬鈴
薯帶來的飽足感，最適合和小朋友一起享用了！

材料 ┃ 冷凍馬鈴薯條（200 克）

作法 ┃ 將冷凍馬鈴薯條放入氣炸鍋中，先以 200℃炸
10 分鐘 ▸ 翻攪一下再炸 7 ～ 8 分鐘。

氣炸鍋加熱法

氣炸鍋非常適合用來加熱冷掉的食物，它能夠將熱氣吹進那些冷掉走味的食物當中。無論是冷掉的外送餐點、放在冷凍庫裡的年糕和麵包，都可以恢復原本的酥脆口感。

〈 加熱鯛魚燒 〉

鯛魚燒是大家在冬天裡喜愛吃的點心之一。帶回家後，會發現剛出爐的溫暖口感已經消失，只能吃到冰冷軟爛的鯛魚燒。這時，只要把鯛魚燒放進氣炸鍋裡面，用170℃加熱5分鐘，就能恢復成外酥內軟的鯛魚燒囉！其他的糕點類也可以相同的溫度來加熱。

冷掉的鯛魚燒 ▸ 🌡170℃　⏲5min

《 加熱披薩 》

將剩下的披薩密封好放進冰箱裡，肚子餓的時候就可以當做解饞的點心。冷藏的披薩（兩片）可用 180℃加熱 5 分鐘，冷凍披薩則不需要解凍，以 170℃熱 10 分鐘即可。冷凍披薩如果用高溫加熱，可能會導致外皮燒焦，但裡面還是冰的，所以建議一邊觀察披薩的狀況一邊加熱。

冷藏披薩 ▸ 🌡180℃　⏱5min
冷凍披薩 ▸ 🌡170℃　⏱10min

《 加熱炸雞 》

只要有氣炸鍋，就可以把冷掉的炸雞變得超好吃！重點在於有沒有醬料。一般的炸雞可用 180℃加熱 5 分鐘，翻面再加熱 5 分鐘，這樣麵衣中的水分就會蒸發掉，留下酥脆的口感。而有醬料的調味炸雞，則要鋪一張烘焙紙，用 160℃加熱 5 分鐘，翻面之後再加熱 2 到 3 分鐘，就可以吃到熱騰騰的美味炸雞。每一台氣炸鍋的功能都有一點不同，翻面之後要依照炸雞的狀態來調整時間。

冷藏一般炸雞 ▸ 🌡180℃　⏱5 ▸ 5min
冷藏醬料調味炸雞 ▸ 🌡160℃　⏱5 ▸ 3min

〔加熱冷凍年糕〕

長年待在冷凍庫的年糕，是經常被遺忘的庫存。尤其是用糯米做成的年糕，如果放進微波爐裡熱太久，反而會爛成一團。但只要有氣炸鍋，就可以把年糕熱得超好吃。把冷凍年糕（傳統年糕、雲糕、松片等）放在烘焙紙上，放入氣炸鍋以 160℃ 熱 8 ～ 10 分鐘就完成囉！年糕的厚度會造成時間的差異，建議一邊烤一邊確認食材的狀況。

冷凍年糕 ▸ 🌡160℃　⏱10min

〔加熱所有麵包〕

放在冷凍庫裡的麵包、放太久而軟掉的麵包，都可以用氣炸鍋輕鬆讓它們起死回生。冷凍吐司麵包（1 片）不需解凍，只要用 180℃ 加熱 5 分鐘，就會變得很美味。牛角可頌、法式巧克力麵包等酥皮麵包，用 170℃ 加熱 5 分鐘，就能像剛出爐一樣好吃。而內餡有堅果、水果乾的麵包，則可以切開來，用 160℃ 加熱 5 分鐘，加熱過程中要持續確認麵包的狀態。

冷凍吐司麵包 ▸ 🌡180℃　⏱5min
室溫下的可頌 ▸ 🌡170℃　⏱5min
室溫下的雜糧麵包 ▸ 🌡160℃　⏱5min

Part 3

餐廳級佳餚！
氣炸鍋
的進階料理

如果你發現用氣炸鍋總是在做類似的食物，
那不如來試試進階料理吧！
從肉類、海鮮到甜點應有盡有。
以下要介紹的是百分之百活用氣炸鍋的超實用料理。
味道特別，食材又可以輕鬆取得，準備起來超簡單！

\ 鹽烤五花肉 & 柚子醬烤五花 /

200℃

10 ▸ 8min
5 ▸ 5 ▸ 10min

炸網

從鹽烤五花肉及浸泡過柚子醬的醃豬五花中，選擇你
比較喜歡的那種來試試看吧！柚子醬不僅有淡淡的甜，
更能去除豬肉的腥味。

材 料（2 ～ 3 人份）

鹽烤五花肉
- 燒烤用豬五花 450 克
  （約 0.7 公分厚）
- 鹽巴 1/2 小匙
- 研磨胡椒適量

柚子醬烤五花
- 燒烤用豬五花 450 克
  （約 0.7 公分厚）

柚子沾醬
- 釀造醬油 1 又 1/2 大匙
- 清酒 1 大匙
- 水 1 大匙
- 柚子蜜 2 大匙
- 研磨胡椒適量

作 法

鹽烤五花肉
1. 將五花肉攤平，撒上鹽巴和研磨胡椒。
2. 以 200℃烤 10 分鐘 ▸ 翻面後再烤 5 ～ 8 分鐘。

柚子醬烤五花
1. 用一個小碗把柚子沾醬調好。
2. 將五花肉攤平放進氣炸鍋中，先以 200℃烤 5 分鐘 ▸
   翻面再烤 5 分鐘。
3. 烤的過程中一邊翻面，一邊把醬塗抹到肉上，同時再烘
   烤 10 分鐘。

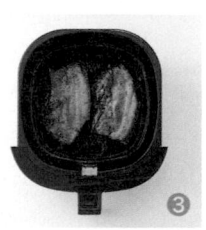

\ 辣烤豬頸 /

抹上辣椒醬再烤,就可以做出炭火燒烤的感覺。微辣的滋味也很適合當小菜配飯吃。肉的厚度會影響受熱的快慢,記得依情況調整烤的時間才能夠將肉完全烤熟。

180℃

10 ▸ 5min

炸網

材 料 (2 人份)
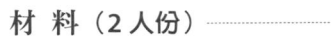

· 燒烤用豬頸肉 400 克
  (約 0.7 公分厚)

醬料
· 砂糖 1 大匙
· 蒜泥 1/2 大匙
· 釀造醬油 1 又 1/2 大匙
· 清酒 1 大匙
· 辣椒醬 1 又 1/2 大匙
· 寡糖 2 大匙
· 胡椒粉適量

作 法

1. 將所有醬料類材料混合調均。
2. 把豬頸肉放進步驟 1 的醬料中醃 30 分鐘。
3. 把醃好的豬頸肉攤平,用 180℃烤 10 分鐘 ▸ 翻面再烤 3 到 5 分鐘。

   Tip 可視氣炸鍋的容量分次烤完。

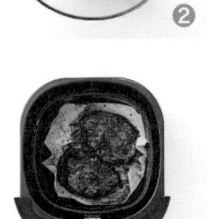

❷

❸

\ 調味年糕排骨 /

200℃

10 ▸ 5 ▸ 15min

炸網

要撕開來吃的豬脊排，若能另外加入大量的年糕，看起來就會更彭湃。醃漬時可以加一點太白粉，這樣醬料就能緊緊地沾附在肉上，入味又好吃喔！

材 料（2～3 人份）

- 豬脊排（800 克）
- 辣炒年糕用年糕 1 杯
  （150 克）

醃漬材料
- 太白粉 2 大匙
- 料理酒 1 大匙
- 鹽巴 1/2 小匙

醬料
- 料理酒 3 大匙
- 寡糖 2 大匙
- 蠔油 3 大匙
- 桂皮粉 1 小匙

作 法

1. 將豬脊排一節一節切開來，在冷水中泡 30 分鐘，浸泡過程中要換水 2～3 次，去除血水。
2. 在瘦肉的地方劃 2～3 道刀痕。
3. 將醃漬材料混合均勻。
4. 把豬肉放在裝有醃漬材料的碗裡稍微浸泡一下。
5. 另外拿一個碗把醬料調好。
6. 將醃好的豬肉放入氣炸鍋中，先以 200℃烤 10 分鐘 ▸ 翻面並加入年糕再烤 5 分鐘 ▸ 最後抹上醬料烤 10～15 分鐘。

＼ 照燒烤大腸 ／

200°C

15min

炸網

原本自己做起來很麻煩的烤腸，只要有氣炸鍋就能輕鬆完成。等待大腸烤熟時，可能會發出一點臭味，建議把氣炸鍋放在通風良好的地方料理。

材料（2～3人份）

- 豬大腸（處理過的，400克）
- 馬鈴薯2顆（400克）
- 照燒醬10大匙
- 美乃滋適量
- 芝麻適量（可依個人喜好省略）

涼拌韭菜
- 韭菜1把（50克）
- 洋蔥1/5個（40克）
- 辣椒粉1小匙
- 砂糖1/2小匙
- 蒜泥1/2小匙
- 釀造醬油1/2小匙

- 醋1小匙
- 麻油1小匙

作法

1. 把馬鈴薯切成1公分厚。
2. 先將馬鈴薯鋪在炸網上，再把豬大腸放上去，用200°C烤15分鐘。
3. 前5～10分鐘可以一邊烤，一邊用刷子把照燒醬塗抹上去。
4. 將韭菜切成每段4公分長，並把洋蔥切絲。
5. 拿一個碗把涼拌韭菜的其他食材拌在一起，再把步驟4的韭菜跟洋蔥加進去輕輕地拌勻。
6. 將豬大腸、馬鈴薯、涼拌韭菜裝盤，再加美乃滋並撒上芝麻。

Tip

製作照燒醬

食材 洋蔥1/4個（50克）、蘋果1/4個（50克）、乾辣椒1個、生薑1個、砂糖1/2杯（80克）、釀造醬油1杯（200毫升）、水1杯（200毫升）、清酒1/2杯（100毫升）

作法 將洋蔥、蘋果和薑切成薄片，乾辣椒切成2～3等份。把所有的食材放入湯鍋中，以大火煮沸之後，轉為小火燉煮50分鐘。接著用濾網把湯汁濾出來，放涼之後再裝入密封容器裡冰進冰箱保存。

＼ 烤五花肉 ／

外酥內軟的烤五花肉，是買下氣炸鍋後最推薦先料理的肉品之一。烤的過程中五花肉會噴出多餘的油脂，讓烤出來的肉質焦脆又更清淡。

180℃

20 ▶ 10 ▶ 10min

炸網

材 料（3 ～ 4 人份）

- 帶皮豬五花（600 克）
- 蒜頭 30 顆（150 克）
- 香草鹽 2 小匙

作 法

1. 將帶皮豬五花對半切，撒上香草鹽並均勻抹在整塊肉上。
2. 將肉放在炸網上，皮的部分要貼著炸網。
3. 先以 180℃烤 20 分鐘 ▶ 將肉側放後再烤 10 分鐘。
4. 將肉翻面，並放入大蒜烤 10 分鐘。
5. 把肉切成方便食用的大小後裝盤。

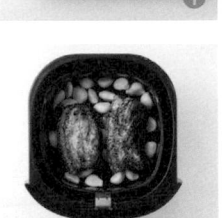

\ 烤肋排 /

以肋排或里脊這些部位來做牛排的時候，即使用相同的溫度和時間，烤出來的熟度也會不太一樣。建議在烤的時候要不時拿出來檢視一下肉的狀況。

200℃

9 ▸ 3min

炸網

材 料（2 人份）

- 牛肋排（4 公分厚，400 克）
- 迷你蘆筍 5 根（100 克）
- 黃芥末籽醬 2 大匙（可依個人喜好省略）

醃漬材料
- 橄欖油 1 大匙
- 鹽巴 1 小匙
- 研磨胡椒適量
- 香草（迷迭香、百里香）適量

作 法

1. 用廚房紙巾把肋排包住吸乾血水。
2. 將醃漬材料混和均勻。
3. 在肋排正反面都鋪上醃漬材料，並與黃芥末籽醬均勻塗抹後靜置 30 分鐘。
4. 用削皮刀將迷你蘆筍削皮。
5. 將肋排放入氣炸鍋中，先以 200℃烤 9 分鐘 ▸ 翻面把蘆筍放在肉旁邊，再烤 3 分鐘。

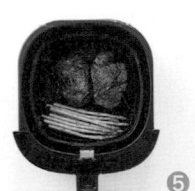

製作馬鈴薯泥

食材 馬鈴薯 1 顆（200 克）、奶油 1 大匙（10 克）、牛奶 5 大匙、鹽巴 1/3 小匙（可依個人喜好增減）、研磨胡椒適量

作法 將馬鈴薯削皮後切成一口大小，接著放入微波爐裡熱 5 ～ 7 分鐘。趁熱將馬鈴薯壓成泥，然後再把剩下的食材都加進去均勻攪拌。

\ 墨西哥烤牛排 /

試著用氣炸鍋做出豐盛又充滿異國情調的一餐吧！可以品嘗到用烤肉醬醃過的滋味，搭配莎莎醬的特別組合。也可以換成酸奶油、希臘優格等各種食材。

200℃

7 ▸ 3min

炸網

材 料（2～3 人份）

- 牛里肌（1.5 公分厚，400 克）
- 酪梨 1 個
- 萵苣（60 克）
- 烤過的墨西哥玉米餅 2 片

醃漬材料
- 砂糖 1 又 1/2 大匙
- 釀造醬油 1 又 1/2 大匙
- 麻油 1/2 大匙
- 胡椒粉適量

莎莎醬
- 切丁的番茄約 1/2 顆（75 克）
- 切丁的洋蔥 1/5 顆（40 克）
- 切片的青陽辣椒 2 根
- 檸檬汁 1 大匙
- 橄欖油 1 大匙
- 砂糖 1 小匙
- 鹽巴 1/2 小匙
- 胡椒粉適量

作 法

1. 將牛里肌與調好的醃漬材料拌在一起，靜置 30 分鐘。
2. 用另外一個碗把莎莎醬調好，放入冰箱冷藏。
3. 將萵苣切成 1 公分厚。酪梨削皮、去籽後切成 0.5 公分厚。
4. 將牛里肌放入氣炸鍋中，先以 200℃烤 7 分鐘 ▸ 翻面再烤 3 分鐘。
5. 把肉放涼後切成方便食用的大小，再搭配步驟 2 的莎莎醬，加上墨西哥玉米餅、萵苣和酪梨一起上桌。

   Tip 墨西哥玉米餅可以用 200℃烤 5 分鐘再拿出來吃。

\ 奶油烤全雞 /

200℃

20 ▸ 25min

炸網

不用特別處理，也非常適合做為派對料理的烤全雞，是氣炸鍋一定要嘗試的料理之一。烤全雞每個部位熟的速度都不一樣，所以雞腿、雞胸肉等比較厚的部位，在烤之前可以先劃幾道刀痕。

材 料（2 ～ 3 人份）

- 雞一隻（處理過的，約 1 公斤）
- 奶油 3 大匙（約 30 克）

醃漬材料
- 鹽巴 1 大匙
- 橄欖油 1 大匙
- 研磨胡椒適量
- 迷迭香適量

作 法

1. 將醃漬材料混合均勻。
2. 將雞肉放入容器中，加入醃漬材料後，均勻塗抹在整隻雞上，靜置 30 分鐘。
3. 把整隻雞放在炸網上，將雞胸朝上。
4. 先用 200℃烤 20 分鐘 ▸ 翻面再烤 20 分鐘。
5. 將整隻雞前後塗抹奶油，最後再烤 5 分鐘。

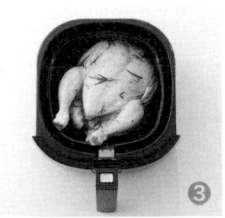
❸

❺

Tip 雞胸肉比較厚，建議先烤熟比較好喔！

\ 鍋巴玉米起司雞 /

這是網路上有著高人氣「雞林苑」的〈鍋巴玉米起司雞〉的改良版。要用到的食材很多，雖然看起來有點複雜，但跟著做就會發現一點也不難。

180 ▸ 170℃

20 ▸ 10 ▸ 10 ▸ 8min

烘焙紙

材 料（3～4 人份）

- 辣燉雞用雞肉 1 包（1 公斤）
- 白飯 1 碗（200 克）
- 玉米罐頭 1/2 罐（90 克）
- 起司條 1 又 1/2 杯（150 克）

醃漬材料
- 鹽巴 1/2 大匙
- 清酒 2 大匙
- 胡椒粉適量

醬料
- 斜切片的青陽辣椒 2 根
- 砂糖 3 大匙
- 辣椒粉 1 又 1/2 大匙
- 釀造醬油 3 大匙
- 辣椒醬 1 又 1/2 大匙
- 番茄醬 3 大匙
- 寡糖（或麥芽糖）5 大匙
- 胡椒粉適量

作 法

1. 把雞肉裝在碗裡，倒入調好的醃漬材料，拌勻之後放進冰箱冷藏至少 30 分鐘，同時拿個小碗把醬料調好。
2. 將白飯鋪在烘焙紙上，厚度約 0.5 公分，用 180℃烤 15 分鐘。
3. 將步驟 1 的雞肉放在炸網上，先以 180℃烤 20 分鐘 ▸ 翻面再烤 10 分鐘 ▸ 最後一邊塗抹醬料一邊烤 5～10 分鐘後起鍋。
4. 在內鍋中鋪上兩張烘焙紙。
5. 依照鍋巴 ▸ 少許起司條 ▸ 玉米罐頭 ▸ 烤雞的順序放進去。
6. 食材之間的空隙可用起司條塞滿，最後用 170℃烤 8 分鐘讓起司融化。

更美味的吃法

料理做好之後，連同烘焙紙一起放到平底鍋上，開小火稍微烤一下，這樣起司就不會凝固，還可以品嚐到香脆鍋巴搭配起司的美味。

\ 蜂蜜烤翅腿 /

這是加了蜂蜜，覆滿甜香滋味的烤雞翅與烤雞腿。可以依照個人喜好選擇料理部位，做出大人小孩都能一起享用的甜炸雞。

200℃

10 ▸ 10min

炸網

材 料（2 人份）

- 雞翅約 19 隻（或雞腿約 14 隻，500 克）

醃漬材料
- 香草鹽 1 大匙
- 料理酒 1 大匙
- 橄欖油 1 大匙
- 蜂蜜 2 大匙

作 法

1. 用刀尖在雞翅有肉的部分劃幾刀。
2. 把雞肉裝在碗裡，加入調好的醃漬材料拌勻後靜置 30 分鐘。
3. 先用 200℃烤 10 分鐘 ▸ 翻面再烤 10 分鐘，過程中要一直翻才不會烤焦。

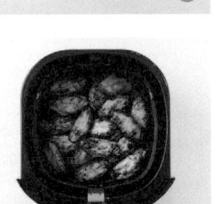
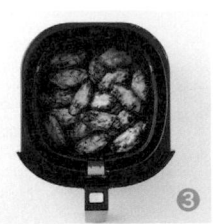

捲心菜沙拉佐雞柳條

180°C

10 ▸ 5min

炸網

在醃漬時加上美乃滋，就可以讓雞柳條更多汁軟嫩。
用雞肋排做成的料理，不必經過太多處理就可以完成。
如果要跟小朋友一起吃，建議醃漬時不要加乾紅椒片，
避免太刺激喔！

材 料（2 人份）

- 雞肋排 10 片（或雞胸
  肉 2 ～ 3 片，250 克）
- 麵粉 3 大匙
- 蛋汁 1 顆
- 麵包粉 1 杯（50 克）

醃漬材料
- 乾紅椒片 1 大匙（可依
  個人喜好省略）
- 美乃滋 1 大匙
- 鹽巴 1/2 小匙
- 研磨胡椒適量

作 法

1. 將雞肋排的筋切掉。
2. 把雞肉裝在碗裡，加入調好的醃漬材料後拌勻靜置 30
   分鐘。
3. 依照先鋪麵粉 ▸ 再沾蛋汁 ▸ 最後裹上麵包粉的順序製
   作雞肉的外皮。
4. 先用 180°C 炸 10 分鐘 ▸ 翻面後再炸 5 分鐘。

製作高麗菜沙拉

食材 高麗菜 6 片（180 克）、紅蘿蔔 1/10 根（20 克）、玉米罐頭
3 大匙（可依個人喜好省略）、砂糖 1 大匙、醋 1 大匙、美
乃滋 4 大匙（40 克）、鹽巴 1/3 小匙

作法 將高麗菜切成一口大小，紅蘿蔔則切得跟高麗菜一樣薄。將
所有的食材裝在碗中，拌勻之後在室溫下靜置至少 1 小時，
再冷藏保存。

\ 糯米年糕炸雞 /

裹上糯米粉後炸雞變得酥酥脆脆，加上香氣四溢的黃豆粉，就是一道充滿獨特風味的料理。

180℃

15 ▸ 5min

烘焙紙

材 料（2 ～ 3 人份）

- 雞腿肉 5 ～ 7 塊（500 克）
- 年糕湯用的年糕 1 杯（90 克）
- 糯米粉 10 大匙
- 炒過的黃豆粉 10 大匙（可依個人喜好增減）
- 蜂蜜適量

醃漬材料
- 清酒 1 大匙
- 釀造醬油 1 大匙
- 砂糖 1 小匙
- 鹽巴 1/2 小匙

作 法

1. 將雞腿肉切成四等份。
2. 把雞腿肉裝在碗裡，加入調好的醃漬材料拌勻後靜置 30 分鐘。
3. 將雞腿肉、年糕、糯米粉用塑膠袋裝起來，搖晃讓雞腿肉跟年糕均勻裹上糯米粉。
4. 先把雞腿肉攤平放在氣炸鍋中，先以 180℃烤 15 分鐘 ▸ 翻面之後加入年糕，再烤 5 分鐘。
5. 起鍋後灑上炒過的黃豆粉，再淋上蜂蜜。

Tip

特殊吃法

為了搭配烤好的雞腿，先將適量黃豆粉和蜂蜜拌勻再淋上雞腿表面，這樣吃起來更方便喔！

\ 烤燻鴨佐醃辣椒醬 /

烤燻鴨搭配又甜又辣的醃辣椒醬，絕對能讓你食指大動。因為燻鴨本身的顏色，我們很難判斷是不是要繼續烤，建議不要烤太久，鴨肉比較不會老，才能吃到軟嫩的口感。

180℃

10 ▸ 8min

炸網

材 料（2 人份）

- 市售燻鴨肉 1 包（500克）
- 洋蔥 1/2 個（100 克）
- 杏鮑菇 1 個（120 克）
- 胡椒粉適量

醃辣椒醬
- 切片的青陽辣椒（或青辣椒、紅辣椒）5 根
- 砂糖 1 大匙
- 醋 2 大匙
- 釀造醬油 1 小匙

作 法

1. 將所有醃漬材料拌在一起，冰到冰箱裡面，要吃之前再拿出來。注意製作時盡量把辣椒拌開，這樣才能醃入味。
2. 先將洋蔥切成 1 公分厚、杏鮑菇切成 0.5 公分厚，再切成一口大小。
3. 將燻鴨放入氣炸鍋，以 180℃烤 10 分鐘。
4. 用筷子把疊在一起的肉撥開，放入洋蔥、杏鮑菇、胡椒粉先烤 5 分鐘 ▸ 攪拌一下再烤 2 ～ 3 分鐘。

❸

❹

\ 奶油烤比目魚 /

加了奶油烤出來的比目魚又香又濃。比目魚肉質軟嫩，烤的時候很容易碎掉，烤之前先抹點麵粉，能幫助保持魚肉的形狀。

200℃

15 ▸ 5min

烘焙紙

材 料（2 人份）

- 處理過的比目魚 1 ～ 2 尾（300 克）
- 酥炸粉（或麵粉）2 大匙
- 橄欖油 2 大匙
- 香草（迷迭香、百里香等）適量
- 奶油 2 大匙（20 克）
- 檸檬 1/4 顆

醃漬材料
- 鹽巴 1/2 小匙
- 研磨胡椒適量

作 法

1. 在魚皮的地方劃幾道刀痕，並在正反面抹上調好的醃漬材料。
2. 將比目魚裝進塑膠袋中，倒入酥炸粉後搖晃使魚沾黏均勻。
3. 鋪好烘焙紙，倒入 1 大匙橄欖油。
4. 放入比目魚，再倒入 1 大匙橄欖油，撒上香草。
5. 先以 200℃烤 15 分鐘 ▸ 放上奶油後再烤 4 到 5 分鐘。
6. 將烤好的比目魚裝盤，最後擠上檸檬汁。

❶

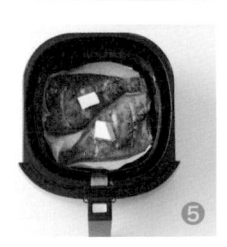
❺

﹨ 大蔥醬烤青花魚 ╱

油脂含量高的青花魚，搭配醃過後帶點酸味的大蔥，口感變得十分清爽。大蔥建議使用味道較甜又爽口的蔥白部分。

180°C

10 ▸ 5min

炸網

材 料（2 人份）

- 處理過的青花魚 1/2 尾
  （燒烤用，150 克）

大蔥醬
- 大蔥（蔥白部分）20 公分
- 砂糖 2 大匙
- 醋 2 大匙
- 鹽巴 1 小匙
- 蒜泥 1 小匙（可依個人喜好省略）

作 法

1. 將大蔥切碎，再拿一個碗，把所有醬料類食材拌在一起，冰進冰箱備用。
2. 將魚皮的部分朝下，放入內鍋中。
3. 先用 180°C烤 10 分鐘 ▸ 翻面後再烤 3 ～ 5 分鐘。
4. 把青花魚裝盤，搭配大蔥醬。

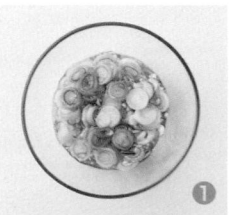
❶

❸

\ 辣醬鮫魚 /

肉質厚實的鮫魚，很適合這種料理方式。如果是用平底鍋來做的話，整個廚房都會充滿魚的味道，用氣炸鍋就好多啦！

180°C

7 ▸ 13min

炸網

材 料（2 人份）

- 鮫魚 1 尾（處理過的，350 克）
- 太白粉 4 大匙
- 蒜片適量（參考第 24 頁）
- 沙拉油 2 大匙

醃漬材料
- 沙拉油 1 大匙
- 鹽巴 1/3 小匙
- 胡椒粉適量

辣醬
- 砂糖 1 大匙
- 水 1 大匙
- 醋 1/2 大匙
- 釀造醬油 1/2 大匙
- 甜辣醬 4 大匙
- 乾紅椒片 1 小匙（可依個人喜好省略）

作 法

1. 去除鮫魚的刺，並將魚肉切成一口大小。
2. 將鮫魚裝在塑膠袋中，加入調好的醃漬材料，拌勻後靜置 5 分鐘。
3. 把辣醬調好。
4. 在塑膠袋中加入太白粉，搖晃塑膠袋使魚肉裹上粉材。
5. 把鮫魚平鋪在氣炸鍋中，然後淋上沙拉油。
6. 先以 180°C炸 7 分鐘 ▸ 翻面再炸 8 分鐘 ▸ 正反面都抹上辣醬，最後炸 3 ～ 5 分鐘。
7. 裝盤後灑上蒜片。

❷

❻

\ 紙包鮭魚 /

加了香料的紙包鮭魚讓味道更濃郁。使用烘焙紙包起來烤的作法，不但可以保留鮭魚的香與蔬菜的風味，同時也能吃到鮮嫩多汁的口感。若擔心鮭魚太油，也可以搭配檸檬增加清爽感。

180℃

20min

烘焙紙

材 料（2 人份）

- 鮭魚 1～2 塊（燒烤用，250 克）
- 蘆筍 6 根（120 克）
- 小番茄 6 顆（80 克）
- 洋蔥 1/4 個（50 克）
- 櫛瓜 1/10 條（50 克）
- 檸檬 1/2 顆
- 香草（迷迭香、百里香）適量
- 清酒 1 大匙
- 橄欖油 2 大匙

醃漬材料
- 鹽巴 1/2 小匙
- 研磨胡椒適量

作 法

1. 用削皮刀將蘆筍皮去除，再對切，並把小番茄切成兩半。
2. 把洋蔥、櫛瓜、檸檬都切成 0.5 公分厚的薄片。
3. 撕一張長的烘焙紙，先對折之後再整張攤平。
4. 依照蘆筍 ▸ 洋蔥 ▸ 櫛瓜 ▸ 鮭魚 ▸ 調好的醃漬材料 ▸ 檸檬 ▸ 香草 ▸ 小番茄的順序放在烘焙紙上。

5. 淋上清酒和橄欖油之後，將烘焙紙蓋上，邊緣往內折並密封起來。
6. 用 180℃烤 20 分鐘。

Tip 紙包料理（Papillote）是一種常用於家禽類、海鮮類的料理技巧。為將所有食材放入烘焙紙中，把烘焙紙整密封起來，用食材本身的水分將食材煮熟的料理方法。

\ 烤魷魚 /

同時加了咖哩粉與辣椒粉的烤魷魚味道強烈。在醃魷魚時加入橄欖油，能防止醬料燒焦。整條魷魚不需經過特殊處理，烤出來就會非常好看，可以搭配沙拉一起吃。建議在要吃之前再切沙拉用的蔬菜就可以囉！

180 ▸ 200℃

7 ▸ 3min

炸網

材 料（2 人份）

- 魷魚 1 尾（處理過的，180 克）
- 沙拉蔬菜（70 克）

醃漬材料
- 咖哩粉 1 大匙
- 砂糖 1/2 大匙
- 辣椒粉 1/2 大匙
- 橄欖油 1 大匙
- 鹽巴 1/3 小匙

醬料
- 洋蔥丁 2 大匙
- 橄欖油 4 大匙
- 檸檬汁 2 大匙
- 砂糖 2 小匙
- 鹽巴 1/2 小匙
- 研磨胡椒適量

作 法

1. 以 1 公分為間隔，將魷魚身體的左右兩邊切開。
2. 將魷魚裝在碗中，加入調好的醃漬材料，拌勻後靜置 10 分鐘，再拿另外一個碗把醬料調好。
3. 將魷魚放入氣炸鍋中，先以 180℃烤 7 分鐘 ▸ 翻面再以 200℃烤 3 分鐘。
4. 將沙拉蔬菜、魷魚裝盤，最後再淋上醬料。

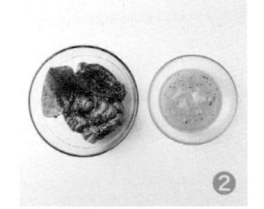

＼ 炸牡蠣 ／

炸牡蠣是可以完整嘗到牡蠣美味的料理方式之一。建議盡量選擇大小一致的牡蠣，而且大顆一點的會比較好喔！

180°C

5 ▸ 5min

炸網

材 料（2 人份）

- 牡蠣 1 又 1/2 杯（300 克）
- 芝麻葉 1 片（2 克，可依個人喜好添加）
- 麵粉 1/2 杯
- 蛋汁 1 顆
- 麵包粉 2 杯（100 克）
- 沙拉油 2 大匙
- 鹽巴適量
- 胡椒粉適量

作 法

1. 將牡蠣泡在鹽水中，輕輕搓洗。
2. 用濾網把牡蠣撈起來，用廚房紙巾把水盡量吸乾。
3. 將芝麻葉切成細絲，加進麵包粉裡攪拌。
4. 以鋪麵粉 ▸ 沾蛋汁 ▸ 裹麵包粉的順序為牡蠣裹上麵衣。
5. 將步驟 4 的牡蠣平鋪在氣炸鍋中，再淋上沙拉油。
6. 先以 180°C 炸 5 分鐘 ▸ 翻面再炸 5 分鐘。

   Tip 可視氣炸鍋的容量分次料理。

7. 趁熱時撒上鹽巴與胡椒粉。

\ 奶油烤蒜蝦 /

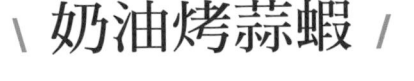

不需用到特別的食材，簡單的奶油烤蒜蝦就超級美味，又吸引大家的目光。料理時鋪張烘焙紙，能讓蝦子維持鮮嫩多汁，如果用的是炸網，就可以做出一道具備酥脆口感的料理，快來依照個人喜好選擇吧！

200℃

10 ▸ 3min

炸網

材 料（2 人份）

- 蝦子 20 隻（中蝦，400 克）
- 蒜頭 10 顆（50 克）
- 奶油 2 大匙（20 克）
- 鹽巴 1/3 小匙
- 研磨胡椒適量

作 法

1. 將蝦子的觸鬚剪掉，拿牙籤戳進身體第二、三節中間，挑出內臟。
2. 把蒜頭切半。
3. 將蝦子、蒜頭放入氣炸鍋中，並把奶油均勻倒入後，撒上鹽巴和研磨胡椒。
4. 先以 200℃烤 10 分鐘 ▸ 攪拌一下再烤 2 ～ 3 分鐘，等大蒜變黃就可以起鍋了。

❶

❹

\ 椰子蝦 /

椰子蝦是餐廳的人氣料理,也是許多人在家庭聚會中的心動菜單。如果不抹油的話,椰絲可能會不太容易上色,油要放得夠多,才能夠吃到美味的椰子蝦。

160℃

10 ▸ 10min

炸網

材料(2 人份)

- 鮮蝦 20 尾(有尾巴的,300 克)
- 酥炸粉 3 大匙
- 椰絲 1 又 1/2 杯(75 克)
- 沙拉油 4 大匙

醃漬材料
- 料理酒 1 大匙
- 鹽巴 1/3 小匙
- 胡椒粉適量

麵糊
- 酥炸粉 4 大匙
- 開水 4 大匙

作 法

1. 將鮮蝦裝在碗裡,加入調好的醃漬材料拌勻後靜置 10 分鐘。
2. 拿另一個碗把麵糊調好。
3. 把鮮蝦裹上酥炸粉後,依序裹上步驟 2 的麵糊與椰絲。
4. 鋪一張烘焙紙,淋上 2 大匙沙拉油。蝦子放上去,注意不要疊在一起,然後再淋上 2 大匙沙拉油。

   Tip 油要夠多,顏色才會好看喔!

❶

5. 先用 160℃烤 10 分鐘 ▸ 翻面再烤 10 分鐘。

   Tip 可視氣炸鍋的容量分次料理。

❸

╲ 酒蒸蛤蜊 ╱

200℃

20min

烘焙紙

用紙包料理的原理做成的酒蒸蛤蜊，密封令人著迷的香味。蛤蜊燉出的湯汁，搭配葡萄酒、橄欖油，可以品嘗到豐富的鮮甜滋味。剩下的湯汁還可以配義大利麵，或拿麵包沾來吃。

材料（2 人份）

- 吐過沙的蛤蜊（淡菜、蛤仔等，300 克）
- 大蔥 20 公分
- 蒜頭 2 顆
- 鳥眼辣椒 3 根（可依個人喜好省略）
- 奶油（10 克）
- 白酒（或清酒）3 大匙
- 橄欖油 2 大匙
- 研磨胡椒適量

作法

1. 大蔥較粗的部分先對切，再切成每段 4 公分長，並將蒜頭切片。
2. 將烘焙紙橫的切成兩半，攤平之後依大蔥 ▸ 蛤蜊 ▸ 蒜頭 ▸ 鳥眼辣椒的順序放上去。
3. 倒入白酒、橄欖油，撒上研磨胡椒，最後放入奶油再密封起來。
4. 以 200℃烤 20 分鐘。

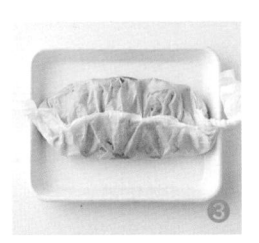

\ 麵包蝦 /

你知道咬下去滿嘴都是蝦肉的麵包蝦，也可以用氣炸鍋做出來嗎？磨到80%碎的蝦肉有著充滿彈性的口感，配上烘烤過的吐司真是人間美味。吐司麵包泡油時要大方一點，不要怕油！

160℃

8 ▸ 8min

炸網

材 料（2 人份）

- 吐司 4 片
- 鮮蝦 13 尾（約 200 克）
- 沙拉油 4 大匙

麵糊
- 砂糖 1/2 大匙
- 料理酒 1/2 大匙
- 蛋汁 2 大匙
- 大蔥油（或辣椒油）3 大匙

- 麻油 1/2 大匙
- 胡椒粉適量
- 薑末 1 小匙

作 法

1. 將吐司的邊切掉，再切成共八等份。
2. 把蝦子放進食物處理器中，磨碎到 80% 左右。
3. 將步驟 2 的蝦泥、混合好的麵糊材料倒入碗中，攪拌到黏稠。
4. 將蝦泥餡料分裝到步驟 1 切好的 8 片吐司麵包上，然後再把剩下的吐司蓋上去，用手掌稍微壓一下。
5. 拿另一個碗裝沙拉油，將步驟 4 的吐司的正反面浸泡。
6. 放進氣炸鍋中，注意不要疊在一起，先用 160℃烤 8 分鐘 ▸ 翻面再烤 8 分鐘。

❸
❹

Tip

製作大蔥油

材料 大蔥（綠色的部分）切成10公分10根、生薑切片1個（5克）、沙拉油1杯（200毫升）

作法 把所有食材放入鍋中，以中小火煮到鍋邊開始沸騰冒泡，再滾 13 到 15 分鐘，讓大蔥變成深褐色。接著用濾網把油濾出來，放涼之後裝入密封容器裡保存。

\ 起司烤扇貝 /

新鮮的扇貝即使不用大量的醬料也非常好吃。只要搭配
一點蔬菜和起司，就能凸顯扇貝最原始的美味。可依照
個人喜好加點醋、辣醬或番茄醬去烤。

200℃

15min

烘焙紙

材 料（9 份）

- 扇貝 9 顆

佐料
- 起司條 1/4 杯（25 克）
- 洋蔥丁 1/2 杯（50 克）
- 甜椒丁 2 大匙
- 橄欖油 1 大匙
- 香草鹽適量
- 研磨胡椒適量
- 乾香芹粉適量（可依個人喜
  好省略）

作 法

1. 用料理刷把扇貝的殼洗乾淨。
2. 把刀插入扇貝間的縫隙，稍微把殼撬開一點。
3. 把扇貝肉推到其中一片殼上，再把另外一片殼掰下來。
4. 將佐料倒在碗中均勻混合。
5. 把混合好的佐料分別放在扇貝上。
6. 以 200℃烤 12 ～ 15 分鐘。

＼ 炸鮪魚辣椒 ／

這是擷取辣椒煎餅精華的炸鮪魚辣椒。用鮪魚罐頭代替內餡，做起來更簡單。跟小朋友一起吃時可以用不辣的黃瓜青椒，想來點特別的下酒菜則可以用青辣椒，品嘗一下特別的辣味。

180℃

10min

炸網

材 料（10 份）

- 黃瓜辣椒 5 根
- 麵粉 3 大匙、適量（避免沾黏用）
- 蛋汁 1 顆
- 麵包粉 3/4 杯（40 克）

鮪魚餡
- 鮪魚罐頭 1/2 罐（75 克）
- 洋蔥丁 3 大匙
- 紅蘿蔔丁 2 大匙
- 美乃滋 2 大匙
- 胡椒粉適量

作 法

1. 將黃瓜辣椒的蒂頭切掉，直的切一刀，把籽挖出來。
2. 把鮪魚罐頭倒在濾網上，用湯匙把多餘的水分壓掉。
3. 將鮪魚餡的食材倒入碗裡拌勻。
4. 在黃瓜辣椒裡抹上適量麵粉，再塞滿鮪魚餡。
5. 依照鋪部分 3 入匙麵粉 ▸ 沾蛋汁 ▸ 鋪麵包粉的順序裹上麵衣。
6. 以 180℃炸 10 分鐘。

\ 蘇格蘭蛋 /

英國最具代表性的早午餐菜色——蘇格蘭蛋，也可以用氣炸鍋做出來喔！可以依照個人喜好，選擇蛋要全熟還是半熟，這樣就能做出更與眾不同的蘇格蘭蛋啦！

180°C

15min

炸網

材 料（4份）

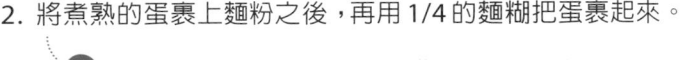

- 煮熟的雞蛋 4 顆
- 麵粉 3 大匙
- 蛋汁 1 顆份
- 麵包粉 3/4 杯（40 克）
- 沙拉油 2 大匙

麵糊
- 豬絞肉（200 克）
- 麵包粉 1 大匙
- 洋蔥丁 1 大匙
- 蒜泥 1/2 大匙
- 鹽巴 1/2 小匙
- 胡椒粉適量

作 法

1. 把麵糊的材料倒入碗中，攪拌至黏稠狀。
2. 將煮熟的蛋裹上麵粉之後，再用 1/4 的麵糊把蛋裹起來。

   Tip 接縫要緊密地接合在一起，這樣麵糊才不會裂開。

3. 依照先沾蛋汁 ▶ 再鋪麵包粉的順序裹在蛋的外圍。
4. 淋上沙拉油之後，以 180°C 炸 10 ～ 15 分鐘。

╲ 明太魚子烤飯糰 ╱

加了明太魚子，烤飯糰就成了感受到魚卵在口中爆開的高級料理了。明太魚子建議先用微波爐熱 30 分鐘，用市售的照燒醬來代替醬料也是不錯的選擇。

200℃

5 ▸ 5min

炸網

材 料（2 份）

- 熱白飯 1 又 1/2 碗（300 克）
- 明太魚子 2/3 個（40 克）

調味醬料
- 珠蔥花 1 大匙
- 美乃滋 1 大匙（10 克）
- 芝麻 1 小匙
- 砂糖 1/2 小匙
- 紫蘇油 1 小匙

醬料
- 料理酒 1 大匙
- 砂糖 1/2 小匙
- 釀造醬油 1 小匙

作 法

1. 把明太魚子清洗乾淨。直的切成兩等份，再用刀背把魚卵刮下來。
2. 將明太魚子、調味材料倒入碗中拌勻。
3. 拿另一個小碗把醬料調好。
4. 拿 1/2 的白飯，跟 1/2 分量的明太魚子拌在一起，再捏成三角形。

    **Tip** 也可以做成橢圓形喔！

5. 用料理刷在飯糰左右兩邊刷上沾醬。
6. 先用 200℃烤 5 分鐘 ▸ 塗上醬汁後翻面再烤 5 分鐘。

❷

❹

\ 越式春捲 /

油炸過的米紙，為越式春捲增添了酥脆的口感。料理的
時候如果米紙黏住，分開時可能會把米紙撕破，記得抹
上足量的沙拉油，這樣米紙就不會黏在一起囉！就算黏
住也很容易就能分開。

180℃

10 ▸ 10min

炸網

材 料（10 份）

- 米紙 10 張
- 豬絞肉（200 克）
- 韭菜 1/2 把（25 克）
- 燙過的綠豆芽 100 克
- 泡過的冬粉 1/2 把（40
  克）
- 沙拉油 3 大匙以上

調味醬料
- 雞蛋 1 顆
- 蔥花 1 大匙
- 釀造醬油 1 大匙
- 麻油 1/2 大匙
- 蒜泥 1 小匙
- 胡椒粉適量

醬料
- 切碎的鳥眼辣椒 2 根
- 珠蔥花 1 根
- 釀造醬油 1 大匙
- 礦泉水 2 大匙
- 檸檬汁 1 大匙
- 砂糖 1 小匙

作 法

1. 將韭菜、燙過的綠豆芽、泡過的冬粉都切成 1 公分長。
2. 把步驟 1 切好的食材，跟豬絞肉、調味用的材料倒入
   碗裡拌勻。
3. 將米紙用溫水泡一下，在砧板或平坦的桌面上攤平。
4. 將步驟 2 的內餡分成 10 份，放 1 份的量到米紙上，再
   把米紙捲起來。接著用相同的方式把剩下的 9 個都做好。

   Tip 可以拿碗裝 3 大匙的沙拉油，拿去抹在米紙的正反面，
   這樣就可以防止米紙黏在一起。

5. 先用 180℃烤 10 分鐘 ▸ 翻面再烤 10 分鐘，再把醬料
   調好配著吃。

\ 青陽炸螺肉 /

用螺肉罐頭做成的獨特下酒菜令人欲罷不能。裹上麵衣後的青陽辣椒，有種隱約的辣味，讓人越吃越上癮；而爽口的蔥絲則可以讓醬料更開胃。

190℃

20min

炸網

材料（2 人份）

- 螺肉罐頭 2 罐（800 克）
- 蔥絲（200 克）
- 麵包粉 3/4 杯（40 克）

麵糊
- 碎青陽辣椒 2 根
- 酥炸粉 8 大匙
- 冷水 6 大匙
- 蒜泥 1 小匙
- 沙拉油 1 小匙
- 胡椒粉適量

醬料
- 砂糖 1 又 1/2 大匙
- 檸檬汁 1 大匙
- 醋 2 大匙
- 釀造醬油 3 大匙
- 蒜泥 1 小匙
- 綠芥末 1/2 小匙

作 法

1. 把醬料類食材調好冰進冰箱。
2. 將螺肉罐頭倒到濾網上把湯汁濾乾後，把螺肉倒入碗中，加入麵糊材料拌勻。
3. 在步驟 2 的螺肉麵糊中加入麵包粉拌勻。
4. 將螺肉盡量平鋪在氣炸鍋中，注意不要疊在一起，用 190℃烤 15 ～ 20 分鐘。
5. 在碗底鋪上蔥絲，把料理好的螺肉放上去，再搭配調好的醬料沾著吃。

\ 乾烹茄子 /

用氣炸鍋炸出來的茄子，雖然沒有油炸的茄子酥脆，但卻更有嚼勁。乾烹醬也可以用在糖醋肉等其他料理中喔！

180 ▸ 190°C

10 ▸ 5min

炸網

材 料（2 人份）

- 茄子 2 條（300 克）
- 鹽巴 1/2 小匙
- 大蔥 10 公分
- 鳥眼辣椒 3 根（可依個人喜好省略）
- 沙拉油 2 大匙（1 大匙做熱炒用）
- 太白粉 1 大匙

乾烹醬
- 醋 1 大匙
- 釀造醬油 1 大匙
- 寡糖 1 大匙
- 蒜泥 1 小匙
- 番茄醬 1 小匙
- 麻油 1 小匙

作 法

1. 將茄子以直向對切，再切成每段 3 公分長。
2. 把茄子裝在碗裡，加入鹽巴拌一拌靜置 5 分鐘。
3. 將大蔥斜切片，鳥眼辣椒切成 2 ～ 3 等份。接著拿個小碗把乾烹醬調好。
4. 將茄子裝在塑膠袋裡，倒入 1 大匙沙拉油拌勻，再加入太白粉，搖晃袋子使其均勻附著在茄子上。

5. 先用 180°C烤10分鐘 ▸ 攪拌一下後再用 190°C烤 5 分鐘。
6. 將 1 大匙沙拉油倒入平底鍋，再將大蔥和鳥眼辣椒下鍋以中火炒 1 分鐘。
7. 加入乾烹醬，煮沸後最後倒入茄子拌勻。

\ 烤綜合蔬菜 /

氣炸鍋不是只適合做肉類料理而已喔！輕輕鬆鬆就能做出烤蔬菜這一點，可是它受歡迎的原因之一呢！蔬菜烤過之後體積會縮小，所以要注意別切得太薄或太碎。

200℃

10 ▸ 10min

炸網

材 料（2 人份）

- 綜合蔬菜（洋蔥、櫛瓜、茄子、紅蘿蔔、香菇、花椰菜等，400 克）
- 橄欖油 3 大匙
- 鹽巴 1/2 小匙
- 研磨胡椒適量

作 法

1. 把洋蔥切成 4 公分厚，茄子、紅蘿蔔、櫛瓜、香菇切成 1 公分厚。花椰菜切成每邊 4 公分寬的大小。
2. 將綜合蔬菜裝在碗中，加入橄欖油、鹽巴、研磨胡椒拌勻。
3. 先用 200℃烤 10 分鐘 ▸ 拌一拌再烤 10 分鐘。

 跟其他蔬菜相比，花椰菜比較容易燒焦，而氣炸鍋內上層較接近發熱線，所以最好鋪在其他蔬菜下面喔！

\ 蠔油醬豆腐 /

用蜂蜜醬取代一般搭配的辣醬，使做出來的豆腐比較清淡爽口。可以配飯，也可以當點心食用，是營養滿分的一道料理。

190℃

10 ▶ 15min

炸網

材 料（2 人份）

· 豆腐 2 塊
· 沙拉油 2 大匙、3 大匙
· 太白粉 12 大匙
· 鹽巴 2 小匙

蜂蜜醬油
· 黑芝麻 1/2 大匙
· 蜂蜜 4 大匙
· 釀造醬油 2 小匙
· 麻油 2 小匙

作 法

1. 將豆腐切成 1.5 公分 x1.5 公分大後，放在廚房紙巾上。
2. 在豆腐表面撒上鹽巴靜置 10 分鐘，再拿廚房紙巾輕輕地把水壓乾。
3. 將豆腐裝在塑膠袋，倒入 2 大匙沙拉油拌一拌，再加入太白粉，搖晃塑膠袋讓豆腐均勻沾附粉材。
4. 將豆腐均勻淋上 3 大匙沙拉油後，先以 190℃炸 10 分鐘 ▶ 拌一拌再烤 10 ～ 15 分鐘，直到豆腐的外皮變黃變脆為止。
5. 將蜂蜜醬油的所有食材倒入平底鍋，煮沸後將炸豆腐下鍋，跟醬料拌在一起。

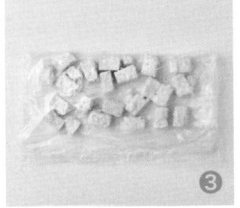

\ 培根馬鈴薯餅 /

180 ▸ 170℃

5 ▸ 10min

烘焙紙

馬鈴薯煎餅是瑞士最具代表性的料理之一。用細細的馬鈴薯絲煎出來的煎餅，特色就是外酥內韌。配一個煎蛋，就是無可比擬的美味早午餐。

材 料（1 份）

- 馬鈴薯 1 顆（200 克）
- 培根 2 條
- 披薩起司條 1/2 杯（50 克）
- 太白粉 1 大匙
- 橄欖油 2 大匙

作 法

1. 馬鈴薯盡量切成細絲，培根切成 0.5 公分粗。
2. 把所有食材倒入碗中拌在一起。
3. 把步驟 2 拌好的食材鋪在烘焙紙上，以 180℃烤 5 分鐘。
4. 用湯匙把麵糊弄成 1 公分厚的圓形煎餅狀。
5. 最後用 170℃烤 10 分鐘。

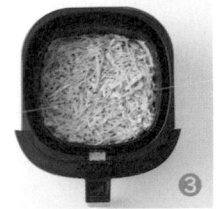
❸

❺

\ 蟹肉奶油可樂餅 /

即使沒有奶油，也能吃到濃郁滋味的奶油可樂餅。秘訣就在奶油跟麵粉一起炒，做出滑順又充滿奶香的內餡醬料。一起來享受這外皮酥脆、內餡濃郁的美味吧！

190°C

10 ▶ 5min

炸網

材料（6份）

- 蟹肉棒 6 條（110 克）
- 洋蔥 1/2 個（100 克）
- 奶油（40 克）
- 麵粉 5 大匙（50克）、4 大匙（油炸用）
- 牛奶 1 杯（200 毫升）
- 蛋汁 1 顆
- 麵包粉 3/4 杯（40 克）

作法

1. 將蟹肉棒順著紋理撕開，洋蔥切碎。
2. 把平底鍋熱好之後，放入奶油和洋蔥，以中火炒 5 分鐘。
3. 加入 5 大匙麵粉，以中小火炒 3 分鐘。
4. 將牛奶分 2 ～ 3 次加進去，煮到黏稠狀後關火。
5. 加入蟹肉絲拌勻之後起鍋，放進冰箱冷藏室冰 1 小時使其凝固。
6. 將步驟 5 的蟹肉絲分成 6 等份後捏成橢圓形，再依序裹上麵粉 ▶ 沾蛋汁 ▶ 鋪麵包粉。
7. 先用 190°C烤 10 分鐘 ▶ 翻面後再烤 5 分鐘。

\ 墨西哥辣椒玉米奶油脆片 /

200°C

5 ▸ 7min

耐熱碗

這道最適合招待客人的料理，可以品嘗到烤蒜頭的獨特美味。
豐盛的墨西哥辣椒和玉米，再加上巧達起司，就能帶給你與眾
不同的異國風情料理。

材 料（2 ～ 3 人份）

- 對半切的蒜頭 10 顆
  （50 克）
- 墨西哥辣椒切片 1/2 杯
- 玉米罐頭 1/2 杯（75
  克）
- 奶油起司（175 克）
- 希臘優格 1/2 杯（100
  毫升）
- 披薩起司條 1/2 杯（50 克）、
  適量（表面使用）
- 帕馬森起司粉 3 大匙（30 克）
- 馬鈴薯澱粉 1 小匙
- 研磨胡椒適量
- 橄欖油 1 大匙
- 玉米片適量

作 法

1. 拿一個耐熱容器裝蒜頭，倒入橄欖油，以 200°C 烤 5
   分鐘。
2. 將烤過的蒜頭、奶油起司、希臘優格倒入食物處理器中
   打成泥。
3. 除了玉米片和表面使用的起司條之外，其他的食材全部
   倒進同一個碗裡拌勻。

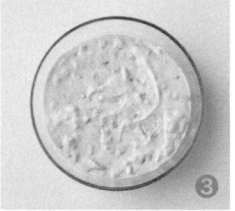

4. 把拌好的食材裝在耐熱容器中，將表面整平之後撒上起
   司條。
5. 用 200°C 烤 6 ～ 7 分鐘，再配玉米片。

\ 地瓜船 /

地瓜船是可以兼顧孩子營養的美味點心。如果要把地瓜做成船的造型，水分較少的栗子地瓜比較合適。地瓜體積要在中等以上，才能夠維持船型。

200℃

5min

炸網

材料（4份）

- 蒸過的地瓜 2 個
- 法式香腸 1 根（或火腿，60 克）
- 洋蔥丁 1/5 顆（40 克）
- 青椒丁 2 大匙
- 橄欖油 1 大匙
- 披薩起司條 2 大匙（20克，表面使用）
- 乾香草粉適量（可依個人喜好省略）

醬料
- 披薩起司條 2 大匙（20 克）
- 美乃滋 1 大匙
- 砂糖 1/2 小匙

作 法

1. 先將法式香腸切碎，再將平底鍋熱好後倒入橄欖油，把洋蔥丁、青椒丁下鍋，以中火炒 1 分鐘。
2. 把蒸好的地瓜切成兩半，然後將中間挖空。
3. 把步驟 2 挖出來的地瓜肉，和步驟 1 準備好的食材、醬料類材料倒入碗中拌在一起。
4. 用步驟 3 拌好的內餡裝滿挖空的地瓜，再撒上起司條。
5. 把步驟 4 的材料放入氣炸鍋中，以 200℃烤 5 分鐘，最後再灑上乾香草粉。

\ 義式菠菜烘蛋 /

150°C

30min

耐熱碗

在美好的周末時光享受早午餐超輕鬆！這是一道利用冰箱裡多餘的蔬菜製成的料理，因為上層比較接近發熱線，為了防止蔬菜變色，建議可以蓋一張烘焙紙，就能確保食材有煮熟但又不會變色囉！

材 料（2 人份）

- 馬鈴薯 1/2 顆（100 克）
- 法式香腸 1 根（50 克）
- 黑橄欖 6 個（可依個人喜好省略）
- 綠花椰菜 1/6 個（50 克）
- 小番茄 5 顆
- 切片起司 1 片
- 沙拉油 1 大匙

蛋汁
- 雞蛋 3 顆
- 牛奶 1/2 杯（100 毫升）
- 鹽巴 1/2 小匙

作 法

1. 將馬鈴薯、法式香腸、黑橄欖切成 0.3 公分厚、花椰菜切成一口大小，小番茄對切。
2. 拿一個碗把蛋汁材料攪拌均勻。
3. 將沙拉油倒入熱好的平底鍋，馬鈴薯下鍋後以中火炒 3 分鐘。
4. 把法式香腸、花椰菜、小番茄、黑橄欖下鍋炒 2 分鐘。
5. 把步驟 4 炒好的蔬菜裝入耐熱碗中，把起司片撕碎後灑在上面，然後再把蛋汁倒上去。
6. 將耐熱碗放入氣炸鍋中，以 150°C熱 20 ～ 30 分鐘。

> **Tip** 拿筷子戳一下，蛋汁不會流出來或不沾附在筷子上時，就代表已經煮熟了。

烤培根捲

200℃

5 ▶ 5min

炸網

培根捲那誘人的外型，一看就令人食指大動。一口咬下，被鹹鹹培根包裹起來的吐司，和口感軟爛的雞蛋沙拉馬上在嘴裡擴散開來，當成小朋友的營養點心再適合不過了！

材料（4份）

- 吐司 4 片
- 培根 4 條
- 切片起司 4 片

雞蛋沙拉
- 煮熟的蛋 3 顆
- 美乃滋 2 大匙（20 克）
- 鹽巴 1/2 小匙
- 砂糖 1 小匙

作法

1. 把雞蛋沙拉的食材全部倒入碗中拌在一起，盡可能地把蛋壓碎。
2. 先把吐司邊切掉，再將吐司擀平。
3. 依序在吐司放上切片起司 ▶ 1/4 的雞蛋沙拉。
4. 吐司捲起來之後用培根裹起來，然後用相同的方法把剩下三個做好。
5. 先用 200℃烤 5 分鐘 ▶ 翻面後再烤 5 分鐘。

❸

❹

＼ 酪梨培根船 ／

酪梨、培根、鵪鶉蛋的組合不僅看起來有趣，吃起來也
別有一番新鮮感。如果用一般的雞蛋而不是用鵪鶉蛋，
可以用湯匙把酪梨中間的凹洞挖得更大一些，這樣雞蛋
就能放進去囉！

190℃

15min

炸網

材 料（1 ～ 2 人份）

- 酪梨 1 個（200 克）
- 培根 1 片
- 鵪鶉蛋 2 顆
- 鹽巴適量
- 研磨胡椒適量
- 乾香草粉適量（可依個人喜好省略）

作 法

1. 先把酪梨切成兩半，再把籽挖出來。
2. 將培根對切。
3. 依照培根 ▸ 鵪鶉蛋的順序放進原本酪梨籽所在的凹槽
   中，再灑上鹽巴和研磨胡椒。
4. 以 190℃烤 10 分鐘（半熟）～ 15 分鐘（全熟），最
   後撒上乾香草粉。

 Tip

固定酪梨

酪梨的底部是圓弧形，所以沒辦法完全固定不動。建議可以用烘焙
紙折成支架，這樣就可以把酪梨固定住了。

\ 法式火腿三明治 /

吐司麵包和起司層層堆疊，再裹上麵包粉後製成的法式火腿三明治，也是可以用氣炸鍋做出來的料理喔！用較少油做出來的美食，不但熱量較低，又可以保留酥脆的口感。

180°C

7 ▸ 7min

烘焙紙

材料（1份）

- 吐司 3 片
- 火腿切片 4 片
- 起司切片 2 片
- 蛋汁（雞蛋 1 顆、牛奶 1 大匙）
- 麵包粉 1/2 杯（25 克）
- 草莓醬 1 大匙

醬料
- 美乃滋 2 大匙
- 蜂蜜芥末醬 1 大匙

作法

1. 把混合好的醬料分別塗抹在三片吐司的其中一面。
2. 依照吐司 ▸ 2 片火腿切片 ▸ 1 片起司切片的順序，將食材堆起來。
3. 把抹了醬料的那面朝下，將一片吐司疊上去，然後再抹上草莓醬。
4. 接著再依照 2 片火腿切片 ▸ 1 片起司切片的順序疊上去，最後放一片吐司，同樣抹了醬料的那面朝下。
5. 依序把步驟 4 的吐司裹上蛋汁 ▸ 鋪麵包粉。
6. 先以 180°C烤 7 分鐘 ▸ 翻面再烤 7 分鐘。

\ 起司乳酪三明治 /

加了玉米湯粉使起司更～黏～稠～讓起司奶酪三明治和你緊緊不分開。也可以用其他的湯粉來取代玉米湯粉喔！要趁熱吃才能真正了解這道料理的美味。

180℃

10min

炸網

材 料（1份）

- 吐司 2 片
- 融化的奶油 2 大匙
- 乾香草粉適量（可依個人喜好省略）
- 乾辣椒粉適量（可依個人喜好省略）

起司乳酪
- 玉米湯粉 1 大匙
- 牛奶 1 大匙
- 起司切片 3 片

作 法

1. 將玉米湯粉用牛奶泡開。
2. 把起司切片撕碎，加入步驟 1 的材料中後，用微波爐熱 20 ～ 30 秒讓起司融化。
3. 把步驟 2 的起司抹在其中一片吐司上，再把另一片吐司蓋上去。
4. 在吐司的兩側都抹上融化的奶油。
5. 用 180℃烤 10 分鐘。
6. 撒上乾香草粉和乾辣椒粉。

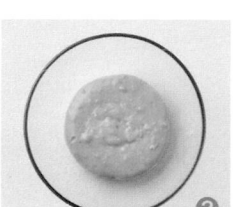

\ 瑪格麗特拖鞋披薩 /

200℃

6min

炸網

用拖鞋麵包製成的披薩，口感厚實又不失鬆軟。使用象徵瑪格麗特的番茄醬、羅勒葉、莫札瑞拉起司等簡單的食材，味道有著濃濃的義式香氣。如果有棍子麵包、佛卡夏等口感厚實的麵包，也可以用來代替拖鞋麵包喔！

材 料（1份）

- 拖鞋麵包 1 個
- 新鮮莫札瑞拉起司 1 個
- 小番茄乾 12 個（可參考第 27 頁做法）
- 市售番茄醬 8 大匙
- 披薩起司條 1/2 杯（50 克）
- 羅勒葉適量

作 法

1. 將拖鞋麵包對切。
2. 在兩片拖鞋麵包的切面抹上番茄醬。
3. 分別撒上起司條。
4. 用手撕下一大塊莫札瑞拉起司，放到麵包上之後，再撒上小番茄乾。
5. 用 200℃烤 5 ～ 6 分鐘

   Tip 可視氣炸鍋容量分次烤完。

6. 裝到盤子裡，撒上羅勒葉。

＼ 奶油起司草莓派 ／

熱騰騰的奶油起司和果醬融合在一起，甜蜜又香濃，吃的時候要小心別燙到了。另外也可以用巧克力醬代替果醬，或是加一些其他的抹醬做點變化，就可以吃到不同口味的甜派囉！

200℃

6min

炸網

材料（6份）

- 吐司 6 片
- 奶油起司 12 大匙
- 草莓醬（或其他果醬）6 大匙
- 蛋汁適量
- 融化的奶油 3 大匙

作法

1. 將吐司的邊邊切掉，然後用擀麵棍把吐司擀平，並在邊緣抹上蛋汁。
2. 依照奶油起司 2 大匙 ▶ 草莓醬 1 大匙的順序，分別將兩種食材抹在吐司上。
3. 把吐司對折，再用叉子按壓邊緣，使其黏合在一起，用同樣的方法把剩下 5 個都做好。
4. 先在吐司的正反面都抹上融化的奶油後，再用 200℃烤 6 分鐘。

\ 南瓜麵包布丁 /

放太久有點乾硬的麵包，經過氣炸鍋的改造後，就成了多汁的麵包布丁。這道甜點的特色就是加入大量的雞蛋和牛奶，口感非常軟嫩。除了南瓜之外，也可以加地瓜試試看喔！

170°C

25min

耐熱碗

材料（2人份）

- 南瓜（煮熟的，200 克）
- 吐司 2 片
- 堅果類 1/2 杯
- 糖粉適量（可依個人喜好省略）

麵糊
- 雞蛋 2 顆
- 牛奶 1 又 1/2 杯（300 毫升）
- 砂糖 2 又 1/2 大匙
- 鹽巴 1/2 小匙

作法

1. 將南瓜切成一口大小。
2. 把吐司切成四邊各 1.5 公分長，堅果壓碎。
3. 把麵糊的食材都倒入碗中，拌勻之後再放入南瓜、堅果攪拌。
4. 麵糊拌好之後換裝到耐熱碗裡，用 170°C 烤 20 ～ 25 分鐘。
5. 放涼之後撒上糖粉。

> Tip 用竹籤戳一下，如果蛋汁不會流出來，或是不沾附在竹籤上，就表示已經烤熟了。

＼ 氣炸司康 ／

只要有氣炸鍋，就可以瞬間完成簡單的烘焙！由於靠近
發熱線的那一面會很快就變色，所以建議要在司康上面
鋪一張烘焙紙，這樣才能夠完全烤熟喔！

170 ▸ 160℃

10 ▸ 15min

烘焙紙

材 料（4 份）

- 低筋麵粉（200 克）、
  適量（防止沾黏）
- 泡打粉（5 克）
- 冷藏奶油（50 克）
- 綜合水果乾（80 克）
- 蛋汁（或牛奶）適量

奶類材料
- 砂糖（50 克）
- 鹽巴 1/3 小匙
- 鮮奶油 1/4 杯（50 毫升）
- 牛奶 1/4 杯（50 毫升）

作 法

1. 拿個小碗，把奶類材料全部拌勻。
2. 將 200 克低筋麵粉、泡打粉都篩進步驟 1 的碗裡。
3. 在步驟 2 的碗中放入冷藏奶油，用抹刀切拌攪勻，直
   到奶油變成小顆粒為止。
4. 把綜合水果乾倒入步驟 3 的碗裡，用抹刀攪拌至看不
   見任何粉狀顆粒。
5. 撒一些低筋麵粉在桌上，把步驟 4 的麵糊放在上面揉
   成麵糰。
6. 把麵糰裝進塑膠袋裡，放進冰箱冷藏 30 分鐘等待發酵
   後，取出切成 4 等份。
7. 將麵糰放在烘焙紙上，表面塗上蛋汁。
8. 先用 170℃烤 10 分鐘 ▸ 再以 160℃烤 15 分鐘。

\ 羊羹糯米派 /

擁有獨特 Q 彈口感的糯米派，使用市售的羊羹來代替用糖煮過的豆類，降低了準備食材的難度。羊羹本身就很甜，所以在做麵糰時建議糖可以不必加太多。

180°C

20min

耐熱碗

材 料（2 ～ 3 份）

- 糯米粉 1 杯（乾式，130 克）
- 碎堅果（35 克）
- 市售羊羹 1 個（55 克）
- 泡打粉 1/2 小匙
- 砂糖 1 又 1/2 大匙
- 鹽巴 1/2 小匙
- 牛奶 3/4 杯（150 毫升）

作 法

1. 將羊羹切成邊長 1 公分的塊狀。
2. 把所有食材倒入碗中拌在一起。
3. 在模具或是耐熱碗裡抹點油（未列入食材列表中），倒入步驟 2 的麵糰。
4. 用湯匙把麵糰表面壓平。
5. 用 180°C 烤 20 分鐘。

Tip 用竹籤戳下，不沾黏在竹籤上就表示烤熟了。

\ 咖啡堅果 /

170°C

5min

炸網

加了點咖啡粉再拿去烤,堅果搖身一變,成了特別的
點心。適合當成下酒菜,甚至可以拿來送禮。剛烤出
來時口感會有點軟,但完全冷卻後,表面的砂糖凝固,
吃起來就會變得又甜又脆。

材料(3 ～ 4 份)

- 綜合烤堅果(杏仁、腰果、核桃、胡桃等)150 克
- 砂糖 3 大匙
- 水 4 大匙
- 即溶咖啡液 1 克(可依個人喜好省略)
- 鹽巴適量

作法

1. 將砂糖、水、即溶咖啡液、鹽巴倒入平底鍋,以中火煮沸。
2. 開始冒泡沸騰之後,靜置一分鐘不要攪拌,煮到糖水變
   成糖漿。
3. 倒入堅果,用中小火炒 2 ～ 3 分鐘,直到糖漿完全被
   吸收為止。
4. 把火關掉之後繼續攪拌,直到出現白色的砂糖粉為止。
5. 先用 170°C烤 5 分鐘,再攤平放涼。

\ 烤棉花糖 /

用氣炸鍋剛烤出來的棉花糖，有著脆脆的口感，放進嘴裡時卻又能感受到瞬間融化的濃郁甜蜜。如果麵包代替餅乾，把棉花糖夾在一起烤，就能吃到美味的烤棉花糖三明治了。

170℃

8min

烘焙紙

材　料（2 人份）

- 市售穀物餅乾 3 片（消化餅乾）
- 市售巧克力 1 塊（28 克）
- 棉花糖 10 個

作　法

1. 在耐熱容器裡鋪一張烘焙紙。
2. 將餅乾剝成一口大小，鋪在烘焙紙上。
3. 把巧克力剝成一口大小，鋪在餅乾上面。
4. 放上棉花糖。
5. 用 170℃烤 8 分鐘。

烤棉花糖三明治

拿一片吐司，放半塊巧克力（14 克）和 5 個棉花糖在上面，蓋上另一片吐司，接著用 180℃烤 10 分鐘就完成了。

\ 烤布利起司 /

170℃

8min

烘焙紙

烤布利起司非常適合搭配紅酒。在起司上面戳幾個洞再拿去烤，蜂蜜立刻流出跟起司相融，碰撞出更令人驚豔的美味。把起司放在餅乾上一起吃，則可以品嘗到更豐富的口感。

材 料（1 份）

• 布利起司 1 個（或卡芒貝爾乳酪 125 克）
• 堅果和水果乾（40 克）
• 蜂蜜 2 大匙

作 法

1. 用筷子或叉子在布利起司上戳幾個洞。
2. 把步驟 1 的起司放在烘焙紙上，並在上面淋上 1 大匙蜂蜜。
3. 撒上堅果和水果乾，然後再淋上 1 大匙蜂蜜。
4. 用 170℃烤 7 ～ 8 分鐘，烤到起司邊緣變黃，且用夾子按壓時會凹陷下去就可以起鍋了。

    起司戳幾個洞，這樣蜂蜜才可以滲入起司當中。

\ 冰淇淋烤香蕉 /

200℃

20min

烘焙紙

香蕉是一種煮過再吃，會比生吃更甜的水果。飄散著肉桂香的烤香蕉再搭配冰淇淋，就是一道冰涼又有格調的甜點，夏天超消暑！

材 料（2 人份）

- 香蕉 3 根
- 冰淇淋 1 ～ 2 冰淇淋匙
  （可依個人喜好增減）

醬料
- 融化的奶油 1 大匙
- 蜂蜜 2 大匙
- 肉桂粉 1/2 小匙

作 法

1. 拿個小碗把醬料拌勻。
2. 將香蕉剝皮後直的對切成兩等份。
3. 鋪一張烘焙紙，把香蕉放在上面，再抹上調好的醬料。
4. 香蕉用 200℃烤 15 ～ 20 分鐘，直到邊緣變得焦黃。烤的過程中可以一邊補塗醬料。
5. 把冰淇淋放在烤好的香蕉上一起吃。

讓氣炸料理更美味的 5 種醬料

如果已經吃膩了平常吃的料理，那不妨就利用醬料來做點變化吧！以下這介紹的這五種醬料，非常適合本書中介紹的各種料理。所有的醬料都只要把食材拌在一起就完成了。

酸甜美好，口感更清爽
檸檬美乃滋

砂糖 1/2 大匙

檸檬汁 2 大匙

美乃滋 6 大匙

檸檬皮 1 大匙
（可依個人喜好省略）

微辣滋味，令人食指大動
青陽辣椒美乃滋醬

切片的青陽辣椒 1 根

美乃滋 3 大匙（30 克）

甜辣醬 1 大匙（10 克）

享受蒜片帶來的滋味與香氣
香蒜蛋黃醬

砂糖 1/2 大匙
檸檬汁 1 大匙
美乃滋 3 大
蒜泥 1 小匙

中和調味，清爽無負擔
優格起司醬

希臘式優格（50 克）
放在室溫下的奶油起司（30 克）
蒜泥 1 小匙
寡糖 2 小匙
鹽巴適量

讓人印象深刻的微嗆滋味
芥末醬油

釀造醬油 1 又 1/2 大匙
礦泉水 1 大匙
醋 1 大匙
寡糖 1 大匙
綠芥末醬 1/2 小匙

生活樹 生活樹系列 074

少油・超美味，氣炸鍋料理：
烤全雞、炸薯條、做甜點，氣炸鍋人氣料理 100 道
에어프라이어 레시피 100：EVERYDAY EASY, FAST, DELICIOUS!

作　　　者	Menu R&D Team of Stylish Cooking
譯　　　者	陳品芳
總 編 輯	何玉美
主　　　編	紀欣怡
責任編輯	李睿薇
封面設計	比比司設計工作室
版型設計	葉若蒂
內文排版	許貴華

出版發行	采實文化事業股份有限公司
行銷企畫	陳佩宜・黃于庭・馮羿勳・蔡雨庭
業務發行	張世明・林踏欣・林坤蓉・王貞玉
國際版權	王俐雯・林冠妤
印務採購	曾玉霞
會計行政	王雅蕙・李韶婉
法律顧問	第一國際法律事務所　余淑杏律師
電子信箱	acme@acmebook.com.tw
采實官網	www.acmebook.com.tw
采實臉書	www.facebook.com/acmebook01

Ｉ Ｓ Ｂ Ｎ	978-986-507-021-2
定　　　價	350 元
初版一刷	2019 年 7 月
劃撥帳號	50148859
劃撥戶名	采實文化事業股份有限公司
	10457 台北市中山區南京東路二段 95 號 9 樓
	電話：(02) 2511-9798　傳真：(02) 2571-3298

國家圖書館出版品預行編目資料

少油・超美味，氣炸鍋料理：烤全雞、炸薯條、做甜點，氣炸鍋人氣料理
100 道 / Stylish Cooking 食譜開發組作；陳品芳譯 . -- 初版 . -- 臺北市：采實
文化 , 2019.07
　面；　公分
ISBN 978-986-507-021-2(平裝)

1. 食譜

427.1　　　　　　　　　　　　　　　　　　　　　　　108008876

貼心好幫手

氣炸鍋時間表

類別	食材	溫度（℃）	時間（min）	參考頁數（page）
肉類	雞腿肉（500 克）	180	15 ▸ 5	092
	辣炒雞湯用（1 公斤）	180	20 ▸ 20	086
	雞翅、帶骨雞腿（500 克）	200	10 ▸ 10	088
	整隻雞（約 1 公斤）	200	20 ▸ 25	084
	燻鴨（500 克）	180	10 ▸ 8	094
	牛里肌（1.5 公分，400 克）	200	7 ▸ 3	082
	牛腰肉（4 公分，400 克）	200	9 ▸ 3	080
	豬肋排（800 克）	200	10 ▸ 20	074
	帶皮豬五花（600 克）	180	20 ▸ 10 ▸ 10	078
	豬頸肉（0.7 公分，400 克）	180	10 ▸ 5	072
	豬五花（0.7 公分，450 克）	200	10 ▸ 8	070
魚類·海鮮類·乾貨類	比目魚（1~2 尾，300 克）	200	15 ▸ 5	096
	青花魚（1/2 尾，150 克）	180	10 ▸ 5	098
	蝦子（中蝦，20 尾，400 克）	200	10 ▸ 3	108
	扇貝（9 顆）	200	15	116
	魚乾（2 片）	200	2 ▸ 1	057
蔬菜類·堅果類	地瓜（中等大小，5 個）	200	50	022
	地瓜條（切絲，2 個）	180	10 ▸ 2	030
	綜合蔬菜（切好的，400 克）	200	10 ▸ 10	130
	栗子（中等大小，20 個）	200	20	023
	杏鮑菇（4 個）	180	5 ▸ 5	029
	馬鈴薯角（2 個，400 克）	180	15 ▸ 5	032
	整顆馬鈴薯（3 個，600 克）	200	40	031
	杏仁（150 克）	160	10	025
	核桃、腰果（150 克）	160	8	025
點心類	傳統年糕（5 個）	200	10 ▸ 10	047
	壓縮餅乾（90 克）	170	5	056
	鍋巴（200 克）	180	20 ▸ 10	026
	泡麵麵體（2 片）	180	5 ▸ 5	055
加工類·冷凍食品類	維也納香腸（20 個，160 克）	180	6	042
	四方形魚板（4 個，210 克）	180	5 ▸ 3	044
	午餐肉罐頭（1 罐）	180	7 ▸ 7	040
	冷凍馬鈴薯（波紋切麵，200 克）	200	10 ▸ 8	065
	冷凍海苔捲（12 個）	180	15	061
	冷凍餃子（20 個）	180	15	062
	冷凍大餃子（10 個）	180	17	063
	冷凍炸雞（10 個）	180	5 ▸ 3	064
加熱類 參考第 66 到 68 頁	年糕（冷凍保存）	160	10	068
	牛角麵包	170	5	068
	鯛魚燒	170	5	066
	炸雞（冷藏）	180	5 ▸ 5	067
	披薩（冷藏）	180	5	067

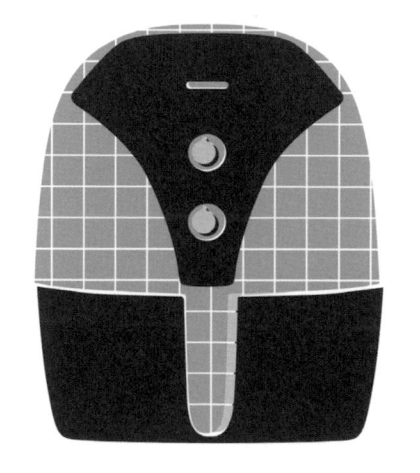

少油・超美味
氣炸鍋料理